与最聪明的人共同进化

U0322300

湛庐 CHEERS

HERE COMES EVERYBODY

CHEERS
湛庐

THE BRAIN

皱巴巴果冻的绚丽人生

[美] 大卫·伊格曼（David Eagleman） 著

闫 佳 译

浙江科学技术出版社·杭州

扫码加入书架
领取阅读激励

扫码获取全部
测试题及答案，
了解大脑不为人知的真相

你对大脑的了解有多少?

- 作为一个成年人，你认为自己的大脑大概有多重？（单选题）

  A. 1.0千克

  B. 1.4千克

  C. 2.0千克

  D. 2.4千克

- 体育比赛时用发令枪，而不用闪光灯，你认为原因是什么？（单选题）

  A. 声音传播的速度比光快

  B. 看闪光灯时很容易被周围的事物分散注意力

  C. 声音在传播过程中不容易受到阻碍

  D. 大脑处理视觉信息比处理听觉信息要费时费力

- 你到某餐厅为朋友过生日，但几个月后，回想起这次经历时，你却记不太清当天的情景，比如朋友服装的颜色。你认为哪种解释是不合理的?（单选题）

  A. 神经网络里的相应知识会改变相关记忆

  B. 对同一件事的感知，在人生的不同阶段很可能有很大差异

  C. 记忆像图片一样，是不连续的，容易出现偏差

  D. 记忆是具有可塑性的

扫描左侧二维码查看本书更多测试题

大卫·伊格曼
DAVID EAGLEMAN

享誉全球的脑科学家
杰出的脑科学大众传播者
科技创新实践引领者

大卫·伊格曼或许是当今最出色的科学家和小说家。
——斯图尔特·布兰德

"摔"出来的脑科学家

　　8 岁那年，伊格曼到离家不远的一个工地"翻墙头"，不小心从墙头上掉了下来，导致他的鼻骨骨折。这一摔不过短短几秒钟，但当时伊格曼却感觉时间变慢了。即使 40 多年后的今天，他对当时的感觉依旧记忆深刻，并将它形容为"爱丽丝在兔子洞里翻滚时的感受"。这次特殊的经历，激发了伊格曼对时间感知的兴趣，引领他日后从事该方面的研究，并最终成为该领域最有话语权的专家之一。

　　时间变慢背后的原理是：身处危机之时，我们会对时间产生预期判断，多数情况下我们是在"回顾"时间，所以时间的长短体现的是记忆的密度。后来，伊格曼多次亲身尝试"零重力式蹦极"，成功地测试了这种时间感知差，验证了童年时期令他印象深刻的特殊体验。

　　如今，伊格曼已经是斯坦福大学的神经科学家，以感觉替代、时间感知、大脑可塑性、联觉和神经法学方面的工作而闻名，这次经历也被他写进了《皱巴巴果冻的绚丽人生》一书中。该书影视版《大脑的故事》（*The Brain with David Eagleman*）由他亲自执导，并获艾美奖提名。

伊格曼还是广受欢迎的 TED 演讲者、古根海姆学者奖获得者，同时也是美国心智科学基金会的首席科学顾问。他曾获通信理论领域的最高荣誉克劳德·E. 香农奖和麦戈文生物医学传播杰出奖，以及美国神经科学学会授予的极具影响力的年度科学教育者奖。

烧脑神剧背后的科学顾问

在《西部世界》第一季制作期间，伊格曼碰巧正与其中一位剧作家交流。得知该剧组没有科学顾问后，他亲自飞往洛杉矶，同该剧的编剧和制片人展开了长达 8 小时的讨论，对剧中的核心问题提出了出色的洞见。

到了第二季，该剧开始探讨"自由意志"的本质问题，这正是伊格曼最熟悉的研究领域，所以他亲自担任了这一季的科学顾问。在编剧阶段，伊格曼与编剧和制片人就"记忆""意识""人工智能的各种可能性"等问题展开了头脑风暴，以科学视角完善了这个令人脑洞大开的科幻故事。

此外，他还担任过罪案剧《罪案第六感》（*Perception*）的科学顾问。通过这些影视作品，伊格曼将科学的声音带给了更广泛的受众。

脑科学创新实践的领军人

除了研究脑科学的理论，伊格曼更致力于脑科学成果的创新实践与商业应用。他目前是两家知名科技公司 BrainCheck 和 Neosensory 的联合创始人。

BrainCheck 是一个移动平台，已被数千个医生办公室和医院系统采用，以评估与痴呆或脑震荡相关的认知变化，该公司被评为 2017 年最具投资价值的初创企业之一。

Neosensory 开发的新感官背心用于增强人的感知，以帮助聋哑人、盲人等有感知缺陷的人提升其他器官的感知力，也可以用于虚拟现实场景。如今，新感官背心在硅谷技术的支持下，已浓缩为手表大小的腕带，使用起来更便捷，并获得了《快公司》2021 年"改变世界创意大奖"。

伊格曼还发明了用于认知障碍的早期检测和验证的设备，并获得了专利。同时，他还是许多优秀的初创公司的科学顾问，包括 NextSense、Neurable、Tenyx、Skywalk、Ampa 等。

文笔惊艳、想象奇崛的科普明星

目前，伊格曼已在《自然》《科学》等世界知名期刊上发表学术论文 120 余篇，是多家科学期刊的编辑委员会成员。他也为《纽约时报》《发现》《大西洋月刊》《连线》《新科学家》等杂志撰稿，并经常在美国全国公共广播电台和英国广播公司中发表演讲，讨论科学界的新鲜事和重要事件。

除了学术著作，伊格曼还热衷于大众科普，出版了许多畅销书。除了前文提到的《皱巴巴果冻的绚丽人生》，他的最新作品《粉红色柔软的学习者》更是获得普利策奖提名，《哈佛商业评论》称这本书"完全颠覆了我们对大脑运作过程的基本认识"。

《1 立方厘米银河系的我》则是《纽约时报》评选出的畅销书，也是施瓦辛格的枕边书；《三磅褶皱的创造力》是伊格曼与音乐大师安东尼·布兰德合著的变革性力作；《死亡的故事》刚出版就登顶《纽约时报》畅销榜，被翻译成 30 多种语言，并多次被改编为歌剧、电影。

此外，伊格曼曾登上意大利 Style 杂志封面，被评为最聪明的创意人之一。《纽约观察家报》更是将他比肩哥白尼："一个充满魅力的科普者……伊格曼志在为心智科学领域做出哥白尼在天文学领域所做的同等革命性贡献。"

作者相关演讲洽谈，请联系
BD@cheerspublishing.com

更多相关资讯，请关注

湛庐文化微信订阅号

湛庐 CHEERS 特别制作

柔以克刚的三重智慧

洪　波
清华大学医学院教授、为先书院院长

你读这本书的时候，大概是坐在温暖阳光照着的阳台上，或者是咖啡馆一角混合着香气的音乐中，或者是地铁里拥挤而嘈杂的人群中……大卫·伊格曼也许和你一样在充满颜色、声音、气味、触觉的世界中思考这些感觉是从哪里来的：为什么我们的大脑把这些外部世界的输入收拾得如此井井有条？为什么我们可以充满兴趣地去读一本新书、尝试一种新口味的咖啡、到一个陌生的城市旅行、练习游泳或者瑜伽，甚至学习一门新的语言？

这一切的秘密都在动态重连的大脑中，或者更准确地说，在动态重连的大脑新皮质里。近千亿神经元褶皱地挤在一起，看不出有什么了不起的规律，但你我丰富的感觉、运动、记忆、语言、意识，这一切不可思议的东西，都来自其中！伊格曼和我一样对脑科学痴迷，研究大脑的可塑性、联觉、时间感知，但他不同寻常地同时拥有文学学位，是一位非常受人欢迎的科普作家，善于轻松而愉悦的写作。他在纪录片《大脑的故事》中用极富感染力的语言，雄辩地说明，我们眼前的世界只是大脑根据有限的输入自主构建出来的"神经现实"，这个构建的"现实"合理有序，归功于不断改变的神经连接。这些不断改变的神经连接，赋予这个"神经现实"以意义。

探索人脑之谜不容缺失的思考维度

笛卡儿的时代，人们认为大脑是水泵一样的机械装置，思想和灵魂可以在其中流动；冯·诺伊曼的时代，人们认为大脑是执行计算的电路，进行着和数字逻辑一样的运算；进入互联网和人工智能时代，人们笃定地认为人脑是神经元组成的网络，甚至按照这个"网络"隐喻造出了人工的大脑，也就是人工智能。这些隐喻作为认知框架，很好地指引了人们探索人脑奥秘的道路。可是这些隐喻，缺失一个重要的思考维度——大脑是活的机器、活的网络，神经元之间的连接时刻在变化。从开头读到这里，你的大脑中千万个神经元之间的连接已经被我的文字改变了。这种动态重连的改变恰恰是人脑之谜的关键所在，也是今天的人工智能所望尘莫及的。人工智能大模型今天正在纠结的是，究竟在训练阶段还是推理阶段投入更多算力？对于人脑，训练和推理是同时完成的，每次推理可能都在改变连接权重。人工智能机械地采用反向传播、强化学习这样的策略去离线改变人工神经元的连接，试图让智能体以不变应万变，实在有些莽撞而过于使用蛮力。

生物大脑，特别是人的大脑，不仅在看得见的形态上是柔软的，在看不见的机理上也是柔软的。湛庐这次重磅推出的大卫·伊格曼"自我进化"四部曲——《粉红色柔软的学习者》《1立方厘米银河系的我》《皱巴巴果冻的绚丽人生》《三磅褶皱的创造力》，正是向读者揭示大脑"柔以克刚"的智慧。我从这一套书里读到了如下三重智慧，分享给大家作为阅读的框架。与此同时，我又想特别申明，伊格曼的每一本书都是一张网，有独特清晰的主干观点，也藏着很多隐秘而有趣的故事和灵感，等着你去发现。

与众不同的神经地图塑造独特的你

第一重智慧是神经元相互竞争，带来大脑多样性，塑造独特的个体。神经生物学的研究，大都指向一个规律：大脑皮质下的神经核团基本是由基因决定的硬连接（hardwired），是从海洋鱼类直到灵长类，长期适应环境遗传和变异的产物，人类自然是很好地继承了这笔智慧的遗产，你的大脑中也存在喜爱高能量食物、贪于享受、逃避危险、恐惧未知、害怕孤独的神经回路，而且你很难改变这些硬连接神经回路，它们并不柔软灵活，大部分时候你只能向它们妥协。从灵长类开始，大脑皮质快速膨胀，甚至颅骨容不下突然增多的神经元，原本平坦的大脑皮质表面被迫形成褶皱，展开的面积大概相当于 4 张 A4 纸。在这 4 张 A4 纸的面积上，神经元始终在动态重连（livewired），不断相互竞争，"攻城略地"，从而塑造了每个人独特的大脑。

《粉红色柔软的学习者》这本书通过神经外科大师怀尔德·彭菲尔德（Wilder Penfield）的"小矮人"大脑地图、断臂将军的幻肢痛、实验室中被切断神经连接的猴子大脑图谱的变化等传奇故事，以及大量盲人、聋人感觉替代的例子，形象地说明来自外界的各种感觉输入，不断争夺大脑皮质这几张 A4 纸上的领地。教科书里大脑皮质的功能图谱，其实大大简化了真实大脑的复杂性。几乎每个人的大脑皮质功能分区都是不一样的，你的后天经历塑造了这张与众不同的"神经地图"。你是宇宙间与众不同的那一个，很大程度上是因为你的独特神经连接，而不仅仅是你的遗传基因。最重要的是，大脑皮质神经连接是"柔软可变"的，你可以通过主动的选择来改变你的神经地图，进而成为更好的自己。当然，很有可能，因为一万小时的努力，你的大脑皮质某个地方会比常人多出一个 Ω 状的褶皱。

主动改变的神经网络助你高效决策

第二重智慧是神经网络主动改变，应对不确定性，让人类成为万物之灵。我们大脑皮质网络的神经元数量有限，能量消耗大抵和几十瓦的灯泡相当，所以无法像人工智能那样贪婪地扩张硬件。一个堪称奇观的秘密，就是一张不断改变的神经网络。用数学的语言来说，你的大脑皮质网络的连接矩阵元素是可变的。这些可变的矩阵元素承载了你在街上认出好友的计算机制，也承载了你网上购物反复比选权衡的决策机制，更承载了去年夏天某段旅行的美好回忆，所有这些都是动态的，如流水一般，而不是一个个静态符号，或者一张张图片。这种改变不是后台大量数据训练的结果，而是你每次经历、每个动作、每次决策实时塑造的。正如伊格曼在《1 立方厘米银河系的我》这本书里提到的，大脑皮质网络那如银河系般绵密的神经连接，会不断根据外界的刺激和内在的选择重塑自我，不仅在应对不确定性时展现出高度的灵活性，更是在每一次决策中主动预测并实时进行调整。一种被称为"主动推理"的理论认为，生物大脑是在主动预测下一时刻要经历的事情，而不是被动处理。也就是说，我们大脑皮质的神经连接在看到、听到、摸到事物之前就已经改变了。"从根本上说，大脑就像一台预测机器，驱动自身不断自我重塑。"

人类能够如此灵活地应对迅速变化的环境，处理世界的不确定性，正是因为背后的生物学机制在不断完善中。起码我们已经知道，描述神经突触连接如何因为神经活动而改变的赫布法则——一起放电的神经元之间的连接就会增强，先后放电的时机很重要，正如你和好朋友之间总是快速响应，有求必应；乙酰胆碱这类化学分子也在背后调节神经可塑性，心情愉快、主动积极的学习，会通过乙酰胆碱来提高神经连接的可塑性，当然，奖励也是促进神经连接重组的关键因素。

《皱巴巴果冻的绚丽人生》这本书刚好提到了在生命的不同阶段，这种神经可塑性的规律不尽相同：刚出生时大脑皮质有点像一团乱麻，随后因为大量信息的涌入而迅速裁剪神经连接；然后是一段敏感的时间窗口，大致在六七岁以前，负责视觉、听觉、语言、运动的这些神经网络极度可塑，所谓"天纵英才"大概就是得益于这些窗口。这段时间应该是孩子们充分玩耍、和真实世界亲密互动的最佳时间窗口。也许我们的家长应该反思一下，是不是亲手扼杀了自己身旁的小天才。伊格曼还讨论了一个辩证的问题，既然大脑皮质如此多变，那是什么机制让我们的大脑保持稳定性，从而确保我们每个人的行为模式是稳定可靠的？这部分的讨论与我心有戚戚焉，从快到慢不同层次的可塑性也许是可能的机制，我的实验室几位博士生也正在从脑网络动力学角度研究这个问题。

动态重连的大脑塑造文明奇迹

　　第三重智慧是人脑动态重连，让我们超越现实，塑造文明。在《三磅褶皱的创造力》这本书中，伊格曼指出，我们的大脑一方面试着用预测世界的方式来节省能量；另一方面，它又沉浸在寻求意外之事中不能自拔。我们既不想生活在无限循环之中，也不想一直生活在意外之中。这是一种利用已知和探索未知之间的平衡。这就是为什么我们的生活中会充斥着很多同形物：它们的一些特征都是仿照以往的设计得来的。回想一下，苹果的平板电脑在市场上刚出现时，其特色之一便是装有"图书"的"木制"书架。同时，程序员也致力于让你在滑动屏幕的时候有"翻页"的体验。即便是最先进的技术，也总与它的历史血脉相连。虽然这种利用和探索的权衡并非人类特有，但是当几代小松鼠占领了几片灌木丛时，人类已经用技术占领了整个地球。

　　"动态重连不仅是令人惊喜的自然景观，也是记忆、灵活的智力以及文明存在的基础。"伊格曼不是一个寻常的脑科学家，他在这套书中体现出一种"悲天悯人"的哲思。我们的大脑连接努力地反映、重建甚至预测客观世界，难道我们和其他生物一样，只是为了汲汲营营、寻欢作乐？人之所以为人，在于可以用自己的智慧改造世界，塑造文明。

　　在《粉红色柔软的学习者》中，作者讨论了大脑的动态重连机制，如何实现感觉运动修复或者增强，帮助盲人、聋人、脑卒中患者通过感觉替代或者运动训练，重新看到、听到、动起来。正常人也可以通过类似的技术，获得"第六感"，看到红外线、体感到环境和情绪等，实现感觉增强。帮助残障人士运动的脑机接口背后也有可塑性机制，当瘫痪患者脑控假肢的时候，他们的大脑实际上重新部署了神经连接，学会了控制假肢或者计算机光标，而不是简单用解码算法替换原来的神经连接。如果没有神经可塑性，人工耳蜗、人工视网膜、脑机接口这些神经替代物，是无法实现功能重建的，这一点往往被人们忽视。最近我和实验室伙伴在微创脑机接口首位截瘫患者老杨身上看到的，正是这样一种神经可塑性的奇迹：大脑皮质的可塑性让脑控机械手越来越娴熟，而每一次成功脑控产生的神经放电又促进了脊髓损伤的神经修复。在《粉红色柔软的学习者》这本书的最后，伊格曼把动态重连的思想提升到新的维度，很有洞见地指出，也许像电力网络、物联网、高密度芯片、人工智能网络等这些复杂系统，可以借鉴学习大脑网络的动态重连机制。

这个世界真是这样吗？为什么能够意识到自我的存在？人类能够通过神经技术变得更加强大吗？怎样才能更有想象力和创造力？答案就在大卫·伊格曼的"自我进化"四部曲里，或者说答案就在你的眼球后面，那皱巴巴果冻般、有着比银河系恒星还多的连接、三磅重的柔软的学习者。

献给中国读者

我们正生活在历史发展的一个特殊时期：破译人类大脑之谜的黄金时代。大脑是人们所有感知、行为和现实体会的根源，对大脑进行更深入的研究，是每位脑科学家毕生为之奋斗的方向。

当前，科学正以前所未有的速度发展，科学家们也在努力弄清楚大脑的奥秘以及生活的意义。出于对脑科学的热爱，以及想让更多人认识人类的大脑，共同迎接未来新时代，我成了一名神经科学家兼作家。我在这套书里写下了当下科学界已经了解的新发现，也探讨了科学研究尚未解决的问题。

对于科学和文学能相互融合，共同探索大脑奥秘与人性，我深感惊叹。我也很高兴能将最新的科学研究发现呈献给读者。很高兴我的书有了中文版，我对中国的文化、语言和人民一直抱有钦佩之情。希望中国朋友们喜欢这套书。

开启大脑奥秘的探索之旅

此刻我深感荣幸，也十分欣喜，我有关大脑的 4 本书终于全部译为中文，与你们见面了。多年来，我一直为人类心智那复杂而美丽的"舞蹈"深深吸引，进而投身大脑生物基础的研究。这套作品中的每本书都像一颗独特耀眼的珍珠，它们共同串联成名为"大脑奥秘"的珠链，而这正是我毕生渴求的无价之宝。

写作这套作品的动机，源自一个简单的问题：大脑，这一仅仅由细胞和生化物质组成的体系，怎会孕育出如此丰富多样的人类体验？这个问题引领我踏上了探索之旅，从无意识到社会驱动力，再到学习和记忆的机制、梦境的起源，以及我们是否能为人类创造新的感官体验。你可以从这些作品的字里行间，体会到我对大脑奥秘怀有多么强烈的好奇心，以及我是多么想通过研究大脑来探寻我们生而为人的本质。

对于这套作品，我推荐你从《1 立方厘米银河系的我》开始阅读，它阐述了有关无意识思维的基本概念，即我们毫无察觉，大脑却在默默运作。之后，你可以接着读《皱巴巴果冻的绚丽人生》，它将带你领略大脑在社会互动、决策制定以及未来展望中拥有的广阔天地。再之后，你可以翻开《三磅褶皱的创造力》，去了解大脑，特别是人类的大脑，如何展现出它绝妙的创造力。最后，《粉红色柔软的学习者》将聚焦大脑的动态重连，揭示神经技术的最新突破以及伴随而来的伦理议题，徐徐展开一幅生动的当代神经科学画卷。

这套作品中的每一本都阐述了大脑科学的现状，并展望了未来的发展趋势。它们将为你带来了解当代神经科学的全面视角，既让我们更深入地认识自我，也为人工智能的未来发展提供宝贵的启示。

在中国出版这套作品，对我而言意义非凡。中国拥有源远流长的创新历史，如今更是在全球科学舞台上大放异彩。因此，在这片充满活力的土地上，探讨这些话题显得尤为贴切。我很高兴这套作品能够与中国读者见面。我相信，这些作品一定会引起热衷于探索神经科学及其文献的学生、专业人士和爱好者的深刻共鸣。

最后，我要再次由衷地表达自己的荣幸与感激之情，期待这套作品能够点燃更多人思考的星星之火，激发人们对于大脑奥秘的无限探索欲望。愿与你们共同展开一场关于人类心智的深入讨论！

从人类自身寻找解开大脑之谜的钥匙

脑科学是一个快速发展的领域。身在其中，人们很难退后一步审视地形，以弄清这一领域里的研究对我们的生活有什么意义，并且以简单明了的方式讨论生物的内在含义。本书有意略做尝试。

脑科学事关重大。人类头骨中稀奇古怪的运算材料是一种感知装置，我们通过它在大千世界里穿梭巡航，做决策，放飞想象力。我们的美梦、清醒时的人生，都源自它飞速运动的数十亿细胞。更清晰地认识大脑，能阐明我们在自己的个人关系里对什么信以为真，在社会政策中视什么为必不可少，我们怎样战斗，为何相爱，认为什么才是真实的，该怎样接受教育，怎样设计更好的社会政策，怎样为了新世纪设计自己的身体，等等。在用显微镜才能看到的大脑微型回路上，蚀刻着人类的历史和未来。

我以前时常感到好奇：既然大脑是人们生活的核心，为什么大众却很少谈论它，而宁可用名人八卦和真人秀节目塞满电视广播？我现在觉得，对大脑缺乏关注，不应该被视为缺点，但这的确是一个信号：我们在自己的现实里陷得太深，甚至意识不到自己身陷其中。很多东西乍看上去似乎没什么好说的：外面的世界当然存在颜色，我的记忆当然像一台摄像机，我当然知道自己为什么有这样的信念。

本书的内容就是要把所有我们想当然的假设放到聚光灯下。在撰写过程中，我放弃了传统的教科书模式，而想启发读者进行更深层的探究：我们怎样做决定，怎样感知现实，我们是什么人，生活受到了怎样的操纵和指引，为什么需要其他人，还有，作为一个正要了解并掌控自己的物种，人类正朝着什么方向前进。本书尝试在学术文献和"我们"（大脑的主人们）的生活之间架起桥梁。我采用的方法跟我为学术期刊撰写文章的方法不一样，甚至跟我写其他神经科学书籍的方法也不一样。本书不预设读者具备任何专业知识，只需要有好奇心和自我探索的欲望就够了。

现在，让我们进入大脑的内在宇宙短暂地游览一番吧。在几十亿脑细胞和数万亿细胞连接构成的无限密集的丛林里，我希望你能眯起眼睛，辨认出原本没料到会看到的东西——你自己。

第 1 章
诞生：我究竟是谁

- 为什么斑马在出生 45 分钟内就能奔跑，而人类要等到一岁左右才能学会走路？

- 两岁的小孩子为什么能拥有超过 100 万亿个，几乎是成年人数量两倍的神经突触？

- 受到更多关爱的孩子就会变得更聪明吗？

The Brain

第 1 章

诞生：

我究竟是谁

The Brain

- 为什么斑马在出生 45 分钟内就能奔跑，而人类要等到一岁左右才能学会走路？

- 两岁的小孩子为什么能拥有超过 100 万亿个，几乎是成年人数量两倍的神经突触？

- 受到更多关爱的孩子就会变得更聪明吗？

　　虽然神经科学研究是我的日常工作，但每当捧起一颗人脑，我仍然心存敬畏。再想想它的实际重量（成年人的大脑重量约为 1.4 千克）、奇特的均质度（像结实的果冻），还有皱巴巴的外表（蓬松的基底上有一道道深深的沟壑）。大脑最惊人的地方莫过于它出色的机体素质：这么一坨不起眼的东西，似乎跟它所创造的复杂的心理过程格格不入。

　　人的思想、梦境、记忆和经验，全都来自这坨奇异的神经物质。我们是谁，要到它错综复杂的电化学脉冲的放电模式里去寻找。如果放电活动停了下来，你也就"熄火"了。如果这一活动因为伤病或药物发生特性改变，你的个性也会随之改变。和身体的其余部位不同，如果大脑的一小块受到了损伤，"你是谁"有可能从根本上发生改变。为了解原因，让我们从头说起。

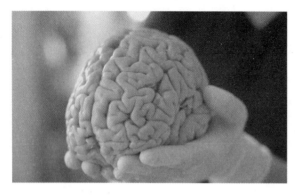

扫码获取本书
所有高清彩图

一段历经悲喜、绚丽多彩的完整人生，就发生在这区区约 1.4 千克重的东西里。

人类大脑为什么不做预设

刚出生时，人类弱小而无助。我们会有一年多的时间无法行走，再过两年多才能表达完整的想法，在更多年头里无法自食其力。我们需要完全依赖周围的人才能生存。再看看其他许多哺乳动物：海豚，一生下来就会游泳；长颈鹿，出生后几小时就能站立；斑马，出生 45 分钟之内就能奔跑……放眼整个动物王国，就连我们的近亲猿猴，在出生后不久也能独立了。

表面看来，这对其他物种来说似乎是极大的优势，但实际上，它是一种限制。一些动物幼崽之所以发育迅速，是因为它们的大脑基本上是按照预设程序接线的，这种预设牺牲了灵活性。想象一下，如果某些倒霉的犀牛发现自己正置身于北极冻原，或者喜马拉雅山巅，甚至东京市中心，它们就没有能力适应这样的环境，所以我们在这些地方看不到犀牛。在生态系统中某一特定的生态位下，一生下来就有一颗预先设定好的大脑，这种策略很管用，但动物一旦离开这个生态位，它蓬勃发展的可能性就大大降低了。

相比之下，人类可以在许多不同的环境下蓬勃发展：从冻土地带到高山，再到繁华的城市中心，因为人类的大脑在出生时明显尚未完工。人类并非一生下来其大脑所有东西都接好了线，而是根据生活经历的细节来塑造大脑，这就导致人在年幼时，大脑要经历漫长的时期来适应环境。动物大脑按预设程序接线的方式通常被称为"硬接线"，而人类大脑的接线方式则叫作"现场接线"。

你是怎样成为你的

人年幼时的大脑灵活性背后藏有什么奥秘呢？不是新细胞的生长，因为儿童脑细胞的数量和成年人的其实一样。相反，其奥妙在于这些细胞的连接方式。

出生时，婴儿的神经元是相互独立的，并不连接。在生命最初的两年，随着大脑细胞接收感觉信息，这些神经元异常迅速地连接起来。每一秒就有多达 200 万个新连接（突触）在婴儿的大脑里形成。两岁时，小孩子的大脑拥有超过 100 万亿个神经突触，其数量是成年人的两倍。

这时候，连接的数量达到了高峰，远远超过自身所需。于是，新连接数量不再大量增长，取而代之的是神经的"修剪"。随着孩子不断成长，50% 的突触会被剪掉。

哪些突触留下，哪些被剪掉呢？如果一个突触成功加入了某神经回路中，它就得到强化；反之，如果它没有用，就会遭到弱化，最终被消除。就像树林里的小径没人走就会被湮没一样，不用的突触也会消失。

从某种意义上说，你成为自己的过程，就像从一块大理石中把本就存在的可能模样雕刻出来。你之所以成为你，不是因为你大脑里生长出了什么东西，而是因为原有的一些东西被删除了。

The Brain

现场接线

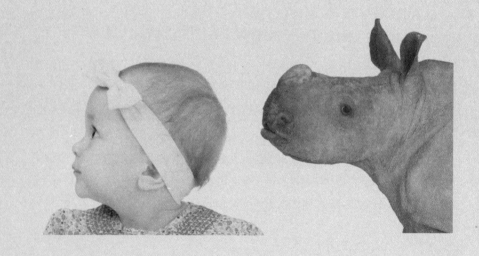

　　许多动物一生下来就有着基因上的预设程序，"硬接"了特定的本能和行为。基因指导身体和大脑的具体构建，定义了这些动物是什么，会有怎样的行为。一发现黑影掠过，苍蝇就会本能地逃跑；到了冬天就往南飞是知更鸟的预设本能；熊有冬眠的渴望；狗会保护主人——这些都是硬接线本能和行为的例子。硬接线令这些动物一出生就能像它们的父母一样行动，有时候还能为自己觅食、独立生存。

　　人类的情况有些不同。人刚出世时，大脑带着一定基因硬接线的行为本能，如呼吸、哭闹、吃奶、对面孔感兴趣、具备学习母语细节的能力等。但相较于动物王国中的其他物种，人类大脑刚出生时异常不完备。人脑的详尽接线图并没有预先设好程序，相反，基因对神经网络的蓝图仅做了一般性指引，外界经验会对接线的其余环节进行微调，以适应当地细节。

　　人脑能够根据出生的世界进行自我塑造，这种能力让人类这个物种接管了地球上的每一种生态系统，并开始朝着太阳系进军。

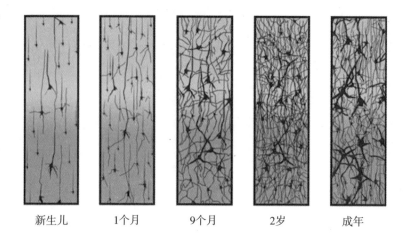

| 新生儿 | 1个月 | 9个月 | 2岁 | 成年 |

在新生儿的大脑里，神经元彼此之间连接较少。在生命最初的两三年里，神经的枝丫不断生长，细胞之间的连接不断增多。在此之后，连接遭到修剪，到成年时变得更少、更强健。

在整个童年期，局部环境不断完善着大脑，根据我们接触到的东西，大脑对遍布种种可能性的密林进行修剪。大脑里的连接变得更少，也更强健。

举个例子，婴儿期接触到的语言会强化人听到该语言中特定声音的能力，弱化听到其他语言中声音的能力。以英语和日语为例，出生在日本的孩子和出生在美国的孩子，一开始都能听到这两种语言里所有的声音并给予响应。但随着时间的推移，在日本长大的孩子会丧失分辨"R"和"L"这两个音的能力，因为这两个音在日语中没有分别。我们偶然出生在某个地方，就会受到那个地方的塑造。

受到关爱的孩子更聪明吗

在漫长的童年时期，大脑不断对突触进行修剪，根据环境的具体情况塑造自己。让大脑与环境相匹配，是一种明智的策略，但也伴随着风险。

如果大脑发育的环境，也就是孩子得到养育和照料的环境，并不是个"符合预期"

的合适环境，大脑就很难正常发育。威斯康星州的詹森家族曾亲身经历过这种事。比尔·詹森（Bill Jensen）和卡萝尔·詹森（Carol Jensen）夫妇二人收养了 4 岁大的汤姆、约翰和维多利亚。这 3 个孩子都是孤儿，被收养前生活在环境恶劣的罗马尼亚国营孤儿院，这段经历导致他们大脑的发育受到了影响。

当时，詹森夫妇抱着孩子，打了辆出租车准备离开罗马尼亚。在路上，他们请司机翻译孩子们在说什么。出租车司机解释说，他们说的是些莫名其妙的话，不属于现有的语种。由于在孤儿院里没有正常的互动，孩子们自己创造出了一套奇异的混合语言。成长过程中，孩子们不得不应对学习障碍问题，这是正常的童年生活遭到剥夺给他们留下的伤疤。

汤姆、约翰和维多利亚对自己在罗马尼亚的经历都记不太清楚了，但仍有人对这些孤儿院印象清晰，那就是波士顿儿童医院儿科的教授——查尔斯·纳尔逊（Charles Nelson）医生。1999 年，他首次探访了这些机构，他看到的情景十分可怕。年幼的孩子们被放在婴儿床上，得不到感觉刺激。每 15 名孩子只配 1 名照管员，而且院方还告诉照管员，不得把孩子抱起来，不得以任何方式对他们表现出关爱，哪怕孩子们在啼哭。因为院方担心，表现出关心会让孩子们想要更多，在人手有限的情况下，这根本做不到。由于条件有限，一切事情都受到严格管制：孩子们排队在塑料盆里小便；留着相同的发型，不分性别；穿着一样，并按时间表喂食。一切都是机械化的。

啼哭的孩子得不到应答，很快就学会不哭了。孩子们没有人抱，也没有人陪着玩耍。虽然他们的基本需求得到了满足，有东西吃，有人给洗澡，也有衣服穿，但却被剥夺了情感关怀、支持和其他一切情感刺激。结果，他们发育得"不加区别地表现友善"。纳尔逊说，他走进一个房间，身边围着以前见都没见过的小孩子。他们想要跳进他怀里、坐在他腿上、抓着他的手、跟着他走动。这种不加区别的友善行为乍看起来似乎很贴心，但这是遭到忽视的孩子们的一种应对策略，与之相辅相成的还有长期的依恋问题。这是在这种孤儿院长大的孩子的一种标志行为。

The Brain

罗马尼亚的孤儿院

1966 年，为增加人口和劳动力，罗马尼亚总统尼古拉·齐奥塞斯库（Nicolae Ceaușescu）下令禁止避孕和堕胎。妇科医生成了"月经警察"，检查育龄妇女，确保她们生育足够的后代。孩子少于 5 个的家庭，要征收"独身税"。一时间，罗马尼亚人口增长率暴涨。

许多贫困家庭无力抚养孩子，就把孩子交给了国营机构。于是，国家又设立了更多孤儿院，以适应飞涨的孤儿人数。到 1989 年齐奥塞斯库政权垮台的时候，孤儿院里已有约 17 万名被弃儿童。

科学家们很快发现，孤儿院的经历给这些儿童的大脑发育带来了不良后果。这些研究对政府政策产生了影响。这些年来，大多数罗马尼亚孤儿被送回了父母家，或由政府找人寄养。到 2005 年，罗马尼亚制定法律，禁止将未满两岁的儿童送到机构托管，除非孩子有严重残疾。

世界各地仍有数百万名孤儿生活在政府设立的托管机构里。考虑到养育环境对婴儿大脑发育的重要性，政府的当务之急是要想办法让孩子的成长环境能满足其大脑正常发育的要求。

孤儿院的生活条件让纳尔逊及其团队大为震惊，于是他们着手设计了布加勒斯特早期干预计划（Bucharest Early Intervention Program）。他们对 136 名儿童进行了评估，这些孩子的年龄在 6 个月到 3 岁之间，他们从出生起就待在孤儿院。评估结果显示：首先，这些孩子的智商测试得分只有六七十分，而普通孩子的得分在 100 分左右；其次，孩子们表现出大脑发育不完善的迹象，语言能力极度滞后。纳尔逊使用脑电图来测量孩子们的脑电活动，发现他们的神经活动明显较少。

在没有情感关爱和认知刺激的环境中，人的大脑无法正常发育。

令人欣慰的是，纳尔逊的研究也揭示了一个重要的结果：一旦孩子进入安全和充满关爱的环境中，大脑的发育就能够在不同程度上有所恢复。孩子越早进入适当的环境，恢复得越好。如果孩子两岁前就进入抚养家庭，大脑的发育一般都能很好地恢复。两岁之后，他们能有所改善，但会残存程度不同的发育问题，其严重程度取决于年龄大小。

纳尔逊的研究表明，充满关爱的培养环境对儿童大脑的发育至关重要。这说明周围的环境对塑造我们成为什么样的人有重要的意义，我们对环境非常敏感。因为人脑采用的是现场接线策略，我们是什么样的人，在很大程度上取决于我们所置身的环境。

青春期孩子的大脑是怎么想的

就在二三十年前，人们还认为，到童年末期，大脑发育就基本完成了。但我们现在知道，人类大脑的构建要花长达 25 年的时间。青少年时期是重要的神经重组和改变的时期，对我们成年以后会是什么样的人有显著的影响。激素在身体里奔涌，带来了明显的生理变化，让我们有了成年人的模样，但在看不见的地方，大脑也正经历着同等程度的巨变。这些变化深刻地影响着我们对周遭世界的行为和反应方式。

变化之一与新出现的自我感及随之而来的自我意识有关。

为了解青少年大脑的运作情况，我们做了一项简单的实验。在我的研究生里基·萨维亚尼（Ricky Savjani）的帮助下，我们请志愿者坐在商店展示橱窗里的凳子上。接着，我们拉开橱窗帷幕，让志愿者直接面对窗外的世界，暴露在路人的目光之下。

志愿者坐在商店的橱窗里，被路人盯着看。青少年产生了比成年人更强的社交焦虑，反映了青春期大脑发育过程中的细节。

在把志愿者送入这个尴尬的社交情境之前，我们给每个人都配置了设备，以测量他们的情绪反应。我们给他们连上了一台测量皮肤电反应的装置，皮肤电反应是测量焦虑的有效方式：汗腺打开得越充分，皮肤电传导也就越高。顺便说一句，测谎仪或测谎实验采用的也是这种技术。

实验同时找了成年人和青少年参加。在成年组中，我们观察到，被陌生人盯着看让他们产生了一定的应激反应，这一结果完全符合预期。但在青少年组中，同样的体验产生的情绪反应非常强烈：青少年被人看时要焦虑得多，有人甚至颤抖起来。

The Brain

青少年的大脑塑造

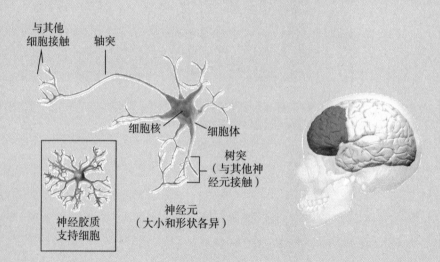

与其他
细胞接触　　轴突

细胞核　　　细胞体

树突
（与其他神
经元接触）

神经元
（大小和形状各异）

神经胶质
支持细胞

　　童年之后，青春期开始之前，大脑就来到了第二个过度生长的时期：前额叶皮质长出新的细胞和新的连接，即突触，为大脑塑型创造新通路。这一轮过度生长之后，则是持续大约 10 年的修剪：较弱的连接被修剪掉，而较强的连接得到强化，这一过程贯穿整个青少年时期。修剪带来的结果是，在青春期，前额叶皮质的体积每年大约缩小 1%。青春期的大脑回路塑造，为我们走上成年之路奠定了学习基础。

　　由于这些巨变发生在大脑进行高级推理和冲动控制的区域，人在青春期会出现显著的认知变化。背外侧前额叶皮质是重要的控制冲动的区域，也是最晚成熟的区域之一，要等到人 20 岁出头时才进入成熟状态。早在神经学家还没研究出这些细节时，汽车保险公司就注意到了大脑不成熟带来的后果，他们也因此向处在青春期的驾驶员收取更高的保费。同样，刑事司法系统也早就产生了这样的直觉，因而对青少年的处置与对成年人的不同。

　　为什么成年人和青少年之间存在这样的区别呢？答案与大脑里名为内侧前额叶皮质的区域有关。当你想到自己的时候，这一区域就会被激活，当你身处一个对自己有着情绪意义的情境中时尤其如此。哈佛大学的利娅·萨默维尔（Leah Somerville）和她的同事发现，当人从童年进入青春期时，其大脑内侧前额叶皮质在社交场合会变得更加活跃，并在 15 岁左右达到峰值，此时，社交场合承载了大量的情绪负荷，导致了高强度的自我意识应激反应。也就是说，在青春期，对自我的考量，即"自我评价"，有着极高的优先级。与之相对，成年人的大脑已经对这种自我感习以为常了，就像已经穿惯了一双鞋一样，因此他们对坐在商店的橱窗里就没那么在意。

　　除不善社交和情绪高度敏感外，青少年的大脑还更爱冒险。青少年的大脑与成年人的相比更易受到冒险行为的诱惑，无论是开快车还是用手机发不雅照片，这主要与我们应对奖励和激励的方式有关。随着我们从童年进入青春期，大脑中与寻求愉悦相关的脑区，如其中一个名叫伏隔核的区域，对奖励表现出越来越强的反应。青少年这些区域的活跃度跟成年人一样高。但有一个重要的事实：青少年眶额皮质的活动与童年时差不多，这一区域与决策、注意和模拟未来结果有关。成熟的追求愉悦的系统，加上不成熟的眶额皮质，导致青少年在情绪上高度敏感，在控制情绪的能力上却比成年人要弱。

　　此外，萨默维尔和其团队对为什么同辈压力对青少年行为有很强影响提出了一个设想：参与社交考量的区域（如内侧前额叶皮质）与把动机转换成行动的其他脑区（纹状体及其相关网络）有更强烈的耦合。他们认为，这或许可以解释为什么有朋友在身边的时候，青少年参与冒险的可能性更高。

　　青少年时期，我们看待世界的方式是由大脑定期变化造成的。这些变化促使我们变得更具自我意识，更爱冒险，更容易因受同伴的影响而采取行动。对世界各地那些在教育孩子时受挫的家长来说，这里包含着一条重要信息：青春期的孩子是什么样的人，不单是他的某种选择或态度带来的结果，更是剧烈的、不可避免的神经变化的产物。

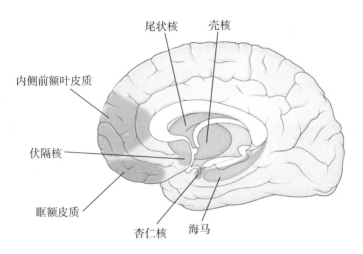

由于参与奖励、规划和动机的诸多脑区发生了变化，在青春期，我们的自我意识也发生了重大改变。

成人的大脑定型了吗

到了 25 岁，大脑童年期和青春期的转化终于结束。我们的身份认同和人格的结构性转变完成，大脑至此似乎发育完全了。你或许认为，身为成年人，自己就这样定型了，不再改变。然而并不是这样，在成年期，大脑还会继续改变。可以塑造并维持造型的东西，我们称其具有可塑性。大脑就是如此，哪怕在成年期时也一样：人的经历改变它，而它则保留这些变化。

为了理解这些生理变化到底有多惊人，让我们来看看伦敦的一群出租车司机及他们的大脑。他们经过 4 年的强化培训，通过了全英国最艰巨的记忆任务之一："伦敦知识"考试。该考试要求有志从事出租车司机工作的人记住伦敦庞杂的道路，外加所有可行的排列组合。这是一项非常艰巨的任务：知识库覆盖了贯通伦敦全市的 320 条不同路线，25 000 条大街，20 000 个地标和兴趣点，包括宾馆、影剧院、饭店、大使馆、警察局、体育设施，以及任何一个乘客可能想去的地方。参加知识考试的学员一般每天要花 3 ～ 4 小时背预设行程。

"伦敦知识"考试这一独特的脑力挑战，激起了伦敦大学学院一群神经科学家的兴趣，他们扫描了若干出租车司机的大脑。科学家们对大脑里一个名叫海马的小区域特别感兴趣，这里是关系到记忆力，尤其是空间记忆力的关键区域。

在这场华丽的记忆壮举中，伦敦出租车司机们要死记硬背地学习城市地理。培训结束后，他们可以清晰地说出大都市区任意两个地点之间最直接（且合乎交通法规）的路线，无须借助地图。接受这一挑战的最终结果是他们的大脑发生了明显的变化。

科学家们发现出租车司机们的大脑有着明显的改变：他们的海马后部明显变得比未参加考试的对照组的大了许多，这大概是不断增加的空间记忆造成的。研究人员还发现，出租车司机做这份工作越久，大脑该区域的变化就越大，该结果表明，这些司机不是在进入这一行时海马区域就大于常人，而是实践所带来的变化。

对出租车司机的研究表明，成年人的大脑并非固定不变，而是可以进行重新配置的，且变化程度之大是训练有素的研究人员能看得出来的。

不光出租车司机的大脑进行过自我重塑。研究人员对 20 世纪最著名的一颗大脑——爱因斯坦的大脑进行了检查，可惜他的大脑并未透露他成为天才的奥秘。但它确实显示，他大脑里掌管左手手指的区域扩大了，在皮质里形成了一道叫作"奥米伽标志"（其形状像希腊字母 Ω）的巨大褶皱，这得益于他不那么为人所知的爱好——演奏小提琴。经验丰富的小提琴手大脑里的这道褶皱都会扩大，因为他们集中地发展了左手手指的精细灵巧性。相比之下，钢琴演奏家的左右脑都出现了奥米伽标志，因为他们的两只手都需要做精妙细致的动作。

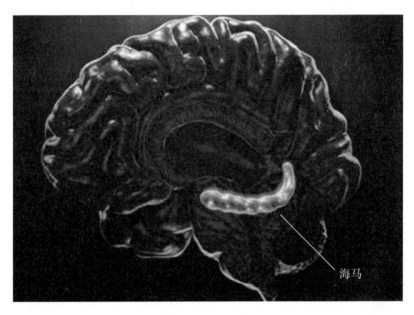

海马

学习完"伦敦知识"之后，出租车司机大脑里的海马明显改变了形状，这反映了他们空间导航能力的改善。

在不同的人身上，大脑褶皱的形状基本一致，但它在更精妙的细节上对你来自何处、你现在是什么样的人做了个性化的独特反映。虽然大多数变化太小，无法用肉眼观测，但你所经历的一切，都改变了大脑的生理结构，从基因的表达到分子的位置，再到神经元的架构。你的出身、文化、朋友、工作、看过的每一部电影、进行的每一场谈话，这些全都在神经系统里留下了痕迹。这些不可磨灭的、微小的印象积累起来，造就了你是什么人，也限定了你能够成为什么人。

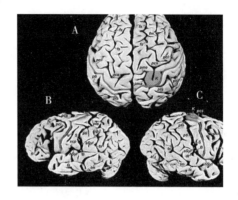

左图为正在拉小提琴的爱因斯坦，右图为爱因斯坦的大脑。大脑是从上方观察的，最靠上的照片是大脑前侧。灰色区域异常扩大，导致额外增加的脑组织聚成了好像希腊字母 Ω 倒过来的样子。

为什么平时无害的人会突然行为异常

大脑的变化代表了我们做过什么，我们是什么样的人。但如果大脑由于疾病或损伤发生了变化，又会是什么样的情形呢？是否也会改变我们是谁、我们的个性和行为呢？

1966 年 8 月 1 日，在得克萨斯大学奥斯汀分校，25 岁的查尔斯·惠特曼（Charles Whitman）搭乘电梯前往观景钟楼。而后，他朝着钟楼下的人无差别地开枪。惠特曼共导致 13 人死亡、33 人受伤，他自己最终被警方射杀。警察赶到他家之后，发现他前一天晚上还杀害了自己的妻子和母亲。

有一点比这起随机暴力事件还令人震惊，那就是在此之前，查尔斯·惠特曼的履历中没有哪一条可以让人预见到这起事件：他曾是美国童子军中级别最高的鹰童军（Eagle Scout），从事银行出纳员的工作，他还是工程学专业的学生。

1966 年，查尔斯·惠特曼在得克萨斯大学奥斯汀分校犯下恶性枪击的罪行，图为警方对他的遗体拍下的照片。在他的遗书里，惠特曼要求对自己进行尸检，他怀疑自己的脑子里出了问题。

惠特曼杀死妻子和母亲后不久，坐下来用打字机敲出了一份相当于自杀遗书的留言：

> 这些天来我真的搞不懂自己。我应该是一个理性而聪明的普通年轻人。然而，最近（我不记得是什么时候开始的），我却总是冒出许多不正常、不合理的想法。我死后，希望执行尸检，看看我是否有明显的生理病变。

惠特曼的请求得到了批准。尸检后，病理学家报告，惠特曼长了一个小脑瘤。它差不多有 5 美分硬币的大小，压在大脑的杏仁核上，这一区域参与跟恐惧和攻击相关的思考。脑瘤对杏仁核施加了少量压力，却在惠特曼的大脑里引发了一连串的严重后果，让他做出了完全有违自己性格的举动。他大脑的实质改变了，由此也改变了他是什么人。

这诚然是一个极端的例子，但比这更细小的变化就足以改变一个人的组织构造。比如药物或酒精的摄入；比如特殊类型的癫痫让人变得更笃信宗教；比如帕金森病让人失去信仰，而治疗帕金森病的药物则容易把人变成病态的赌徒。改变我们的不光是疾病或化学物质，我们看的电影、从事的工作，每一件事都参与其中，不断重塑着我们的神经网络，改变着我们的身份定义。那么，你到底是谁呢？在你内心深处，最核心的地方，有什么人在那儿吗？

为什么记忆常常不靠谱

大脑和身体在我们的一生里改变了这么多，但就像时钟时针的变化一样，要察觉这些变化很困难。例如，每 4 个月，红细胞就彻底更替一遍，皮肤细胞每几个星期就换一轮。在 7 年左右的时间里，身体里的每一个原子就会彻底由其他原子取代。从物理层面来说，你在不停地翻新，变成一个全新的你。幸运的是，或许有一个恒定的元素连接着所有这些不同版本的你——记忆。记忆说不定能担此重任，成为编织起你身份形象的线索，令你成为你。它是你身份的核心，提供了连续的、独一无二的自我意识。

然而其中或许也存在一个问题：连续性会不会只是幻觉？想象一下，你走进一个公园，与不同年龄的自己相会。公园里有 6 岁的你、青春期的你、20 多岁的你、50 多岁的你、70 多岁的你，以及生命最后阶段的你。在这种情境下，你们可以坐在一起，分享相同的人生故事，梳理出你唯一的那一条身份线索。

但真的能做到吗？你们的确有着相同的名字和历史，但事实上，你们其实是不同的人，有着不同的价值观和目标。你们人生记忆的相同之处说不定比你预想的还少。你记忆中 15 岁的自己，跟你真正 15 岁时不同；而且，对同一件事，你有着不同的回忆。为什么会这样呢？因为记忆就是这样的。

记忆并不是一段视频，不能准确地记录你人生的每一个瞬间；它是来自往昔时光的一种脆弱的大脑状态，你要回想，它才浮现。

假设一个人可以按不同的年龄化为分身，所有这些分身都能认同同一段记忆吗？如果
不能，他们真的是同一个人吗？

举个例子：你来到一家餐厅，为朋友过生日。你经历的一切，触发了大脑特定的
活动模式。例如，有一种活动模式，由你和朋友之间的对话触发；另一种模式，由咖
啡的气味激活；还有一种模式，由美味的法式小蛋糕的味道激活。服务员把拇指放在
你的杯子里，是又一个难忘的细节，触发又一种神经元放电模式。在海马庞大的相关
神经元网络里，所有这些模式集群彼此连接，反复重播，直到连接方式最终固定下来。
同时激活的神经元会建立起更有力的连接：一同启动的神经元，连接在一起。由此产
生的网络，是该事件的独特标志，代表了你对生日聚会的记忆。

假设 6 个月以后，你吃到了一块法式小蛋糕，味道就跟你在那次生日聚会上吃到
的一样。这把特殊的钥匙，能够解锁相关的整个网络。最初的集群亮了起来，就像整
座城市的灯都点亮了。突然之间，你回到了那段记忆里。

虽然我们并不是总能意识到这一点，但记忆或许并不如你期待的那么丰富。你知
道朋友们在那里：他穿的一定是西装，因为他总是穿西装；另一个女性朋友则穿着蓝
色的衬衫，不对，也可能是紫色的，说不定是绿色的。如果真的深究那段记忆，你会
意识到，你完全不记得餐厅里其他食客的细节，尽管当时是满座。

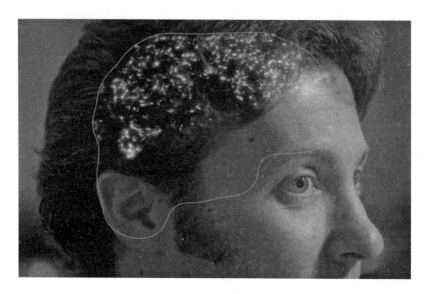

你对一起事件的记忆，由参与体验细节的独特细胞集群再现。

　　因此，你对生日聚会的记忆已经开始褪色。为什么？因为你的神经元数量有限，而且它们都需要从事多重任务。每个神经元参与不同时间的不同集群。你的神经元在关系不断变化的动态矩阵中运作，繁重的需求不断要求它们跟其他神经元连接。因此，随着这些"生日"神经元协同参与到其他记忆神经网络里，你的生日聚会的记忆变得模糊起来。记忆的敌人不是时间，而是其他记忆。每一件新的事情都需要在数量有限的神经元里建立新的关系。然而，褪色的记忆在你看来似乎并未褪色。你感觉，或至少以为，完整的画面始终存在。

　　你对那件事的记忆更是值得怀疑。比方说，聚会之后的某一年，你的两位朋友分手了。回想起那次聚会，你现在或许会错误地记起两人的关系当时就亮了红灯。那天晚上，他是不是比平常更安静？两人之间好像有些尴尬的沉默？这些细节很难说得准，因为你神经网络里的相应知识改变了相关的记忆。你情不自禁地用现在涂改过去。因此，对同一件事的感知，在你人生的不同阶段很可能有很大差异。

　　加利福尼亚大学欧文分校的伊丽莎白·洛夫特斯（Elizabeth Loftus）教授进行了

一项开创性的研究，发现了记忆的可塑性。她展示了记忆有多么容易受到影响，从而为记忆研究领域带来了巨大变革。

洛夫特斯设计了一项实验，请志愿者们观看车祸的影片，接着问他们一系列问题，测试他们记住了哪些内容。她所问的问题，影响了志愿者们的答案。她解释说："我使用了两种问法：其一是，两车相**碰**时，车速有多快；另一种是，两车相**撞**时，车速有多快。目击者们对速度做出了不同的估计。我用'撞'字的时候，他们认为车速更快。"诱导性问题可以干扰记忆，这令她大感好奇，于是她决定再做进一步的探究。

有没有可能植入完全虚假的记忆呢？为了寻找答案，她招募了一群参与者，让团队接触其家人，了解这些参与者从前的生活点滴。掌握了这些信息之后，研究人员针对每一名参与者拼凑出来 4 段童年故事。有 3 段是真实的。第 4 段故事包含了若干似是而非的信息，这些信息完全是编出来的。它讲的是小时候在购物中心迷路，在一位和善的老人的帮助下，最终跟家人团聚的事。

研究人员通过一系列的访谈，把这 4 段故事讲给参与者听。至少有 1/4 的人声称自己还记得商场迷路事件，尽管它从未发生过。不止如此，洛夫特斯解释说："他们一开始也许只'回想'起一点儿。一个星期之后，他们回忆起来的内容更多了。他们还会说起救了自己的老妇人。"随着时间的推移，越来越多的细节被悄悄填入虚构的记忆里："老妇人戴着一顶很夸张的帽子""我抱着自己最心爱的玩具""妈妈急得都快疯了"。

因此，不光有可能往大脑里植入虚构的新记忆，人们还会欣然接受它，为其点缀细节，不知不觉地把幻想编织进自己的身份认同里。

我们都很容易受到这种记忆的摆布，洛夫特斯自己也不例外。原来，在她年纪还小时，母亲在游泳池溺水身亡了。多年以后，她和亲戚的一番对话引出了一件出人意料的事实：是洛夫特斯在泳池里发现了母亲的尸体。这个消息把她吓坏了，她根本不知道，事实上也根本不相信。但她这样说道："从那次生日宴会回家以后，我就开始想，说不定真是这样。我开始寻思其他我还记得的事情：比如消防员来了，给了我氧气。或许我需要氧气，是因为我发现尸体后太受冲击？"没过多久，她脑海中就浮现出母亲在游泳池里的情形了。

但又过了一阵，亲戚给她打电话，说是自己记错了。发现尸体的并不是她而是她的姑姑。于是，洛夫特斯得以拥有了一段属于自己的虚假记忆，细节丰富且印象深刻。

我们的过去并非一段段忠实的记录。相反，它是一次次重构，有时几乎是编故事。我们回顾自己的人生记忆时，应该带着这样的认识：不是所有的细节都准确无误。一些细节是别人讲给我们的，另一些是我们自己补充的，我们认为当时肯定就是那样。因此，如果你完全根据自己的记忆来回答你是什么人，你的身份就变成了一段奇异的、不断变化的、不定的故事。

不爱动脑的人老得快，是真的吗

现如今，人类的寿命比以往历史上的都要长，这给保持大脑健康带来了挑战。比如，阿尔茨海默病和帕金森病等疾病会攻击我们的脑组织，从而损害我们的本质。

但这里有个好消息：一如小时候环境和行为能塑造大脑，它们对你的晚年同样重要。

来自全美各地的 1100 多名修女、牧师和修士参加了一个独特的研究项目——"宗教团体研究"，探索大脑衰老带来的影响。研究尤其希望梳理出阿尔茨海默病的风险因素。本次研究的被试年龄在 65 岁及以上，无阿尔茨海默病症状且未表现出可测量病征，其中有数百名修女在死后捐献出大脑以供研究。

老年时期保持繁忙的生活方式对大脑有益。

宗教团体除了是一个稳定的群体，方便每年定期追踪测试外，其成员还有着类似的生活方式，摄入的营养相似，生活水平相近。这样就可以减少更广泛的群体中可能出现的所谓"干扰因素"，或者说差异，如饮食、社会经济地位和教育等，所有这些都有可能干扰研究结果。

数据收集始于 1994 年。迄今为止，来自芝加哥拉什大学的戴维·本内特（David Bennett）博士和其团队已经收集了超过 350 颗大脑。每一颗大脑都得到了精心保存，检测与年龄相关的大脑疾病的微观证据。这仅仅是研究的一半内容，另一半则涉及收集每一名参与者在世期间的更详细的数据。每一年，参加研究的每一个人都要接受一系列测试，进行心理和认知评估，以及医学、身体和基因检测。

团队刚着手研究时，希望在阿尔茨海默病、卒中及帕金森病这 3 种最常见的导致痴呆的疾病与认知衰退之间找到明确的联系。然而，他们发现的结果却是这样：就算脑组织上遍布阿尔茨海默病肆虐的痕迹，也不一定意味着人会出现认知问题。有些人去世时具备阿尔茨海默病的所有病理特征，但毫无认知损伤。这是怎么回事？

The Brain

未来的记忆

正常的大脑　　　　　　　　　亨利·莫莱森的大脑

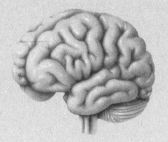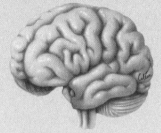

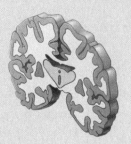

亨利·莫莱森（Henry Molaison）15 岁时经历了自己的第一次癫痫发作。从那时开始，他的癫痫发作得也越发频繁。因为不愿在未来总经历猛烈抽搐，亨利接受了一台实验性质的外科手术：切除了大脑左右两侧颞叶的中间部分，包括海马。亨利的癫痫发作痊愈了，但为此承受了可怕的副作用：整个余生，他再也无法建立任何新的记忆。

故事并未到此为止，除无法建立新记忆之外，他还无法想象未来。

想象一下明天去海滩的情形。你眼前展现出怎样的画面？冲浪玩家和沙堡？层层叠叠拍打的海浪？透过云层洒下的阳光？如果你去问亨利，他的典型回答恐怕是："我只能想象出蓝色。"他的不幸揭示了记忆背后的大脑机制：记忆的目的不光是记录以前发生的事情，还让我们能设想未来。为想象明天的海滩体验，大脑里的海马扮演了关键角色：重新组合来自过去的信息，将其组装成一幅未来的画面。

团队回到之前收集的大量数据里寻找线索。本内特发现，心理和经验因素决定了是否会出现认知损伤。具体来说，认知锻炼，即保持大脑活跃的活动，如填字游戏、阅读、驾驶、学习新技能、承担责任等，它们具有保护作用。社交活动、社交网络、社交互动，以及体力活动也都有着同样的效果。

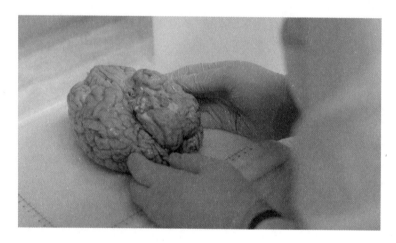

数百名修女去世后捐出了大脑以供研究，研究结果出人意料。

反过来，他们发现，如孤独、焦虑、抑郁、比一般人更易忧虑等消极心理因素，则跟认知快速衰退相关。积极的特质，如有责任心、生活有目标、保持忙碌，则有保护作用。

大脑存在病变神经组织但并未表现出认知症状的参与者，是因为建立起了所谓的"认知储备"。大脑组织部分区域退化，其他区域则得到了充分锻炼，故此补偿或接管了退化区域负责的功能。

我们越是保持自己的大脑认知健康度，大脑从 A 到 B 之间建立起的新神经网络通路就越多，最典型的方式就是用包括社交互动在内的有难度的新颖任务挑战大脑。

把大脑想象成一个工具箱。如果这是个好用的工具箱，它里面会有你完成任务需要的所有工具。需要拧开螺栓，你就会找出棘轮套筒；没有套筒，你会拿出扳手；扳手也没有，一把钳子也能试试看。认知健康的大脑，在概念上与此相同：哪怕一些通路因为疾病退化了，大脑也可以找出其他解决方案。

通过研究修女的大脑证明，保护大脑并帮助它尽量长久地保持我们的内在本质是可行的。我们无法阻止衰老的过程，但通过练习认知工具箱里的所有技能，我们或许能够延缓这个过程。

意识与大脑活跃度有什么关系

当我想到自己是什么人时，还有一个更为重要的方面不可忽视：我是有感知的人。我能体验到自己的存在。我感觉自己置身此地，通过眼睛往外看世界，从我这一中央舞台感知世界呈现的这场五光十色的演出。这种感觉，我们称为意识或觉知。

科学家经常争论意识的具体定义，但用一个简单的对比就足以明确我们说的是什么：你醒着的时候有意识，处于深度睡眠状态的时候则无意识。这种区分引出了一个简单的问题：在这两种状态下，大脑的活动有什么区别呢？

有一种测量方法可以检测这种区别，那就是使用脑电图。它通过捕捉颅骨外围的微弱电信号，获取数十亿神经元激活放电的综合活动情况。这是一种有点笨拙的技术，类似于拿着传声器站在棒球场外面，试图了解棒球的规则。尽管如此，脑电图仍可对清醒和睡眠状态的脑活动差异提供即时的分析。

清醒的时候，脑电波显示，数十亿神经元彼此之间有着复杂的交流，我们不妨把这种交流想象成体育场内不同观众正在进行的数千场对话。

睡觉的时候，身体似乎关机了。因此，人们自然觉得神经元体育场平静下来了。

但 1953 年，人们发现这样的假设并不正确：夜晚的大脑和白天的大脑一样活跃。只不过，睡眠期间，神经元互相协同的方式不同，它们进入了一种更为同步的、有节奏的状态，就像体育场里的观众们一圈一圈地做着墨西哥人浪。

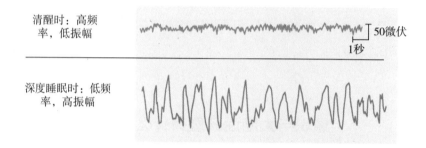

神经元彼此之间采用复杂、微妙、基本独立的节奏进行协调时，意识会浮现。在深度睡眠中，神经元彼此间更为同步，意识便消失了。

你可以想象，当体育场内同时进行着上千场互不相干的对话时，讨论的复杂度就很高。相比之下，当人群一起做人浪、喊口号时，就不需要过多思考。

因此，在特定时刻你是什么人，取决于神经元放电的具体节奏。白天，意识从复杂的神经元集群中浮现。晚上，神经元的互动稍微改变了一点点，你就消失了。要等到第二天早上，你的神经元让慢波消失，重新采用复杂的节奏工作，你才能重新回来。

研究生毕业后，我得到机会，跟我最敬佩的科学英雄之一弗朗西斯·克里克（Francis Crick）共事。我见到他的时候，他正在调整研究方向，想要解决意识的问题。他办公室的黑板上写着许多东西，黑板中央有一个单词写得比其他单词要大很多。那个词一直拷问着我。那个词是"意义"（meaning）。

对神经元、神经网络和脑区的机制，我们有许多了解，但并不知道那些奔涌的信号到底有什么意义。大脑的物质怎样令我们对事物产生兴趣呢？

意义问题尚未解决。但我想，我们可以这样说：某件事情对你的意义，就建立在你基于整个人生体验史建立起来的联系网之中。

想象一下，我拿起一块布，往上面泼了些彩色颜料，然后展示给你的视觉系统。这有可能引发回忆，点燃你的想象吗？好吧，也许不能，因为它只是一块布，对吧？

但现在，想象这块布上按照国旗的图案进行了涂色。我几乎可以肯定，这会触发你内心的某种东西，但根据你的个人体验史，其具体含义是独特的。你不再把它们视为纯粹的物体，你按自己的方式去感知它们。

我们每个人都走在自己的轨迹上，依靠我们的基因和经验来导航，故此，每一颗大脑都有着不同的内部生活。大脑就像雪花一样，每一片都有着独特的纹样。

随着数万亿的连接不断形成和重组，其独特的模式意味着不曾有和你一样的人存在，以后也不会有。在此刻，你的意识觉知体验对你而言独一无二。

因为身体物质不断变化，我们也在不断变化。我们不是固定不变的。从摇篮到坟墓，我们是不断发展的作品。

The Brain

心身问题

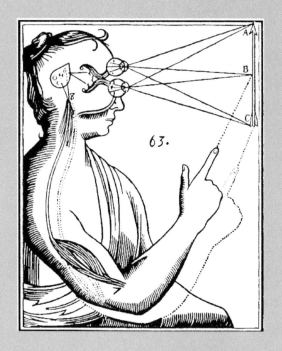

对意识觉知的解密是现代神经科学中最令人困惑的难题之一。我们的精神体验和我们的实体大脑之间到底有着什么样的关系呢？

哲学家勒内·笛卡尔认为，非物质的灵魂脱离大脑，单独存在。他猜测，感官输入进入松果体，松果体是通往非物质的灵魂的门户。（他选择松果体很可能只是因为它位于大脑中线，而大多数其他大脑功能部位都是成对的，左右脑各一个。）

非物质的灵魂的想法很容易想象，但是它很难与来自神经科学的证据达成一致。笛卡尔从来没有参观过医院的神经内科。如果他参观过，他就会看到，当大脑发生变化时，人的性格也会改变。有些脑损伤让人抑郁；有些变化让人狂躁；有些能让人改变宗教观、幽默感，甚至产生赌博欲望；而有的大脑损伤让人举棋不定，产生妄想，或变得鲁莽好斗。故此，在这样的知识框架下，精神和身体很难分离开来。

如我们所见，现代神经科学致力于梳理出神经活动与特定意识状态的具体关系。要完整地理解意识，很可能需要新的发现和理论，这个领域仍然相当年轻。

所以，你是什么人，取决于你的神经元每时每刻在干什么。

The Brain

第 2 章

成长:
我感知到的世界
是真的吗

The Brain

● 面对完全静止的平面图形，为什么大脑会让你认为
那是条正在蜿蜒滑动的蛇？

● 我们都知道光速快于声速，但为什么短跑比赛起跑
时使用发令枪而不是闪光信号？

● 为什么很多人在生死攸关时都会产生时间放慢、像
在播慢动作电影的感觉？

我们看到的都是大脑"创造"出来的吗

从早上醒来的那一刻，你就被各种光亮、声音和气息包围，它们涌入你的感官。你无须思考或努力，只是每天醒过来，就一定能浸入现实世界。

但这一现实，有多少是来自大脑的构建，只发生在大脑里的呢？

请看下页的旋转蛇图。虽然页面上没有任何东西真正在动，但黑白交错的蛇状图案却似乎在蜿蜒滑动。你明明知道图案是固定的，大脑却为何感知到了运动呢？

或者再看看下一幅图中的棋盘。

虽然看起来不像，但方块 A 其实跟方块 B 的颜色完全一样。把画面里其余地方完全遮住，你就能看出来了。明明是完全相同的方块，为什么看起来颜色差异却这么大呢？

页面上没有东西在动，你却感知到了运动。
资料来源：Akiyoshi Kitaoka

请对比 A 区域和 B 区域的方块颜色。
资料来源：Edward Adelson

这类错觉提示我们：脑中的外部世界画面，不一定就是对外部世界的准确再现。我们对现实的感知，与外面发生的真实情况没有太多关系，而是更多的与大脑里发生的事情有关。

在你的感觉里，你似乎能通过感官直接接触到世界。你可以伸手就触摸到物理世界的物质，比如这本书，或者你正坐着的椅子。但是，这种触觉并不是直接的体验。虽然感觉上，"触摸"发生在你的指尖，但实际上，它却完全发生在大脑的任务处理中心。所有的感官体验全都如此。"看"不在眼睛里进行，"听"不在耳朵里进行，"闻"不在鼻子里进行。你所有的感官体验，都发生在大脑物质的"活动风暴"里。

关键是这一点：大脑不接触外部世界。大脑密封在黑暗无声的头骨里，从不曾直接体验外部世界，也永远不会直接体验外部世界。

相反，外部信息进入大脑只有一种途径：由眼、耳、口、鼻和皮肤这些感觉器官充当阐释器。它们检测到各种各样的信息源，包括光子、空气压缩波、分子浓度、压力、质地和温度等，然后将其转化为大脑的统一"货币"：电化学信号。

这些电化学信号在大脑主要的信号传递细胞——神经元构成的密集网络里飞速穿梭。人类的大脑里有上千亿个神经元，在你生命的每一秒，每个神经元都在向其他数千个神经元发送数十甚至数百道电脉冲。

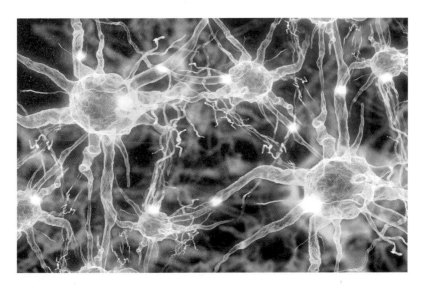

神经元通过名为神经递质的化学物质相互通信。电信号沿着细胞膜迅速传递。本图显示脑细胞之间存在空间，此为艺术加工，实际上脑细胞间并没有空隙，它们彼此紧密相邻。

你所体验到的所有东西，所有画面、声音和气息，都不是直接体验，而是黑暗剧场里的电化学表演。

大脑怎样把庞杂的电化学模式通路变成对世界的有用认识呢？它靠的是比较各个不同感官输入的信号，检测神经电活动模式，对"外面有什么"做出最准确的猜测。大脑的运作极为强大，似乎毫不费力。但让我们来仔细看一看。

先从最主要的感觉——视觉开始。"看"的行为感觉十分自然，让人很难意识到实现它的机制是多么庞大而复杂。人类大脑的 1/3 专门用来承担视觉任务，把纯粹的光子变成妈妈的脸，变成我们心爱的宠物，变成我们准备打盹儿用的沙发……要弄清后台的情况，先让我们认识一位曾失明又恢复了视力的男人。

The Brain

感觉传导

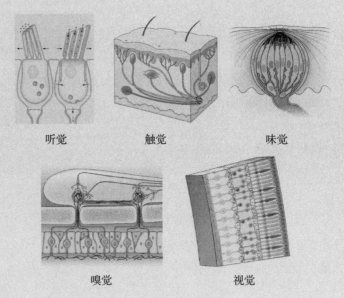

听觉　　　　触觉　　　　味觉

嗅觉　　　　视觉

人们通过生物学研究已经发现了许多把外部世界的信息转换成电化学信号的方法。这里只列举几种你自己就拥有的"翻译机"：内耳的毛细胞、皮肤上的若干种触觉感受器、舌头上的味蕾、嗅球里的分子受体、眼睛后部的光感受器。

　　将环境信号转换成由大脑细胞携带的电信号，这是大脑接触身体外部世界信息的第一步。眼睛将光子转换成电信号；内耳的机制把空气密度振动转换成电信号；皮肤上和身体内的受体把压力、伸展、温度和有害化学物质转换成电信号；鼻子转换飘浮的气味分子；舌头转换味道分子。在一座有着来自世界各地的游客的城市，外国货币必须先转换成通用货币，才能进行有意义的交易。大脑里的情况也是一样的。它基本上就是一座大都会，欢迎来自不同地方的旅客。

　　神经科学里有一个叫作"结合问题"的未解之谜：既然视觉信息在大脑的一个区域处理，听觉信息在一个区域处理，触觉信息在另一个区域处理，那么，大脑是怎样产生出单一统合的世界景象的呢？虽然这个问题现在仍然没能解决，但答案的核心一定在于神经元之间的"通用货币"，以及它们庞大的互联互动。

"看"也需要练习吗

迈克·梅（Mike May）三岁半时失去了视力。化学爆炸弄伤了他的眼角膜，使他的眼睛接触不到光子。他是个盲人，但在生意上取得了成功，还依靠声音标记来识别斜坡，成为残奥会的滑雪冠军。

在失明 40 多年后，迈克听说有一种开拓性的干细胞治疗法，可以修复眼睛的物理损伤。他决定接受手术，毕竟，他失明是因为角膜受损，而解决方案一目了然。

但意料之外的事发生了。他手边的摄像机记录下了他的眼睛解开绷带的那一刻。医生剥开纱布时，迈克描述了自己的体验："光呼啸而来，影像轰炸着我的眼睛。突然之间，视觉信息的洪水开闸了。真是势不可当。"

迈克获得了新角膜，能正常地接收和聚集光线。但他的大脑无法理解接收到的信息。在摄像机里，迈克看着自己的孩子，冲他们微笑。但内心里，他吓呆了，因为他无法判断他们长什么样，或者哪个孩子是哪个。

"我根本无法识别面孔。"他回忆说。

从手术的角度看，移植非常成功。但从迈克的角度看，他所体验到的东西不能叫视力。他概括道："我的大脑就要爆炸了。"

在医生和家人的帮助下，迈克走出观察室，走出走廊，把目光投向地毯、墙上的照片、门廊。所有的一切，他都无法理解。他坐进回家的车，眼睛盯着汽车、建筑、嗖嗖走过的路人，他想要理解自己看到的事情，却劳而无功。在高速公路上，他蜷缩起来，因为在他看来，车似乎要撞到眼前的一块巨大矩形物体上。结果，那是高速公路的标识牌，他们从标识牌的下边通过了。他对物体没有概念，也没有深度感。事实上，手术之后，迈克发现此时滑雪比他失明时还困难。由于无法感知深度，他一时之间难以判断人、树、阴影和洞孔之间的区别。对他而言，它们全都是雪地上的深色物体。

迈克的经历带来的教训是，视觉系统并不像摄像头。"看"并不像是取下镜头盖那么简单。要想得到视觉，你不光需要一对能正常运作的眼睛。

就迈克而言，失明 40 年意味着，他的视觉系统区域，也就是我们通常所称的视觉皮质，已经被听觉和触觉等其余感官接管了。这影响了他大脑整合所有所需信号来构建视觉的能力。如我们所见，视觉来自数十亿个神经元合作演奏的一支复杂的交响曲。

如今，接受手术已经 15 年了，迈克仍然难以阅读书面文字、识别人脸上的表情。如果他需要更好地理解自己不甚完美的视觉感知，他会用自己的其他感官来交叉校验信息：触摸、掂量、倾听。当我们年纪很小，大脑刚开始理解世界的时候，也会进行这种感官之间的交叉比较。

婴儿伸手触摸眼前之物，不仅是为了了解纹理和形状。这些行动对学习怎样看必不可少。视觉发育竟然也需要身体的运动，这个概念虽然听起来有点奇怪，让人想象不到，但早在 1963 年，人们就利用两只猫对此做了清楚的演示。

麻省理工学院的两位研究员——理查德·赫尔德（Richard Held）和艾伦·海因（Alan Hein），把两只小猫放进了一个圆筒内，圆筒内壁上画着竖条纹。两只小猫都在圆筒内部绕圈运动，由此得到了视觉输入。但它们的体验中存在一点关键的区别：第一只小猫是自己走的；第二只小猫则被放在与柱体中心轴相连的小盒子里。按照这种设置条件，两只小猫看到的东西完全相同：竖条纹跟自己同时运动，且速度相同。如果视觉仅是光子击中了眼睛，那么，它们的视觉系统应该发育相同。但结果令人惊讶：只有靠自己身体运动的小猫发育出了正常的视力。坐在小盒子里的小猫始终没能学会怎样正常地看：它的视觉系统未能正常发育。

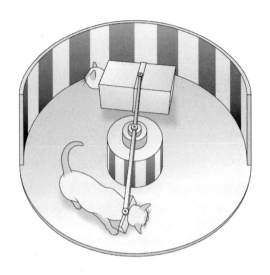

圆筒内壁有竖条纹，一只小猫自己走，另一只由小
车载着走。两只小猫得到的视觉输入完全相同，但
只有那只自己走的小猫，也就是能将自己的运动与
视觉输入变化相匹配的那一只，学会了正常地看。

视觉并不仅仅是视觉皮质方便快捷地对光子做出了阐释。相反，它是一种全身体
验。只有经过训练，进入大脑的信号才能被理解，这就需要交叉参照我们的活动和感
觉输入提供的信息。只有这样，大脑才得以阐释视觉数据真正的含义。

如果你一出生就无法通过任何方式跟世界互动，不能通过外部反馈梳理感官信
息的含义，那么从理论上说，你就永远不具备"看"的能力。婴儿碰到婴儿床的栏
杆，咬自己的脚趾，拿着积木玩，他们不单单是在探索，也是在训练自己的视觉系
统。他们那置身于黑暗当中的大脑正在学习对外部世界做出的行为（如转动脑袋、
推动这个、放开那个等）是怎样改变返回的感官输入的。在大范围的尝试之中，视
觉得到了训练。

"看"似乎是个毫不费力的行为，这让我们很难理解大脑为了构建它投入了多大
的努力。为了揭秘这个过程，我飞到了加利福尼亚州的欧文市，以看看如果我的视觉
系统未能接收到预期信号，会是什么样的情形。

加利福尼亚大学尔湾分校的阿莉莎·布鲁尔（Alyssa Brewer）很想了解大脑的适应能力。为此，她给被试戴上了能将世界左右颠倒的棱镜双目镜，研究他们的视觉系统会怎么应对。

在一个美丽的春日，我戴上了棱镜双目镜，世界就翻转了——本来在右边的东西出现在了我的左边，左边的东西则出现在了右边。当我判断阿莉莎站在哪儿的时候，视觉系统告诉我一个位置，听觉系统却告诉我另一个位置。我的感觉不再匹配。当我伸手去拿东西，我看到的自己手的位置，跟肌肉告诉我的不一样。戴了两分钟棱镜双目镜之后，我汗流浃背，头晕目眩。

尽管我的眼睛照常发挥着作用，接收着来自外部世界的信息，可这些视觉数据跟其他数据并不吻合。这给我的大脑带来了艰巨的工作负担，就好像我正在从头学习怎样"看"一样。

不过，我也知道，戴着棱镜双目镜看世界不会一直这么艰难。另一位参与者布赖恩·巴顿（Brian Barton）同样戴着棱镜双目镜，而且戴了整整一个星期。布赖恩似乎并不像我一样濒临呕吐边缘。为比较我们的适应程度，我邀请他参加烘焙比赛。比赛要求我们把鸡蛋打进碗里，倒入蛋糕原料里搅匀，接着把面糊倒进蛋糕模具，再把模具放进烤箱。

我俩的竞争压根儿不叫比赛：从烤箱拿出来时，布赖恩的蛋糕看起来很正常，而我的面糊不是黏在台面上，就是倒在了烤盘各处。布赖恩可以不怎么费力地在他的世界里穿梭，我却变成了一个废物，做每一个动作都要费尽心思。

戴上棱镜双目镜，让我体验到了平常隐藏在视觉处理过程背后的努力。那天早些时候，戴上棱镜双目镜之前，我的大脑能够利用它多年来的经验应对世界。但仅仅翻转了一种感官输入，它就没辙了。

为进步到布赖恩的熟练程度，我知道自己还需要再这样跟世界多互动几天：伸出手去拿物体，顺着声音的方向走，关注自己四肢的位置。等完成足够多的练习，在感官之间持续的交叉参照之下，我的大脑就能得到充分训练。在过去的 7 天，布赖恩的大脑就是如此。通过训练，我的神经网络会弄清楚不同的数据该怎样跟其他数据匹配起来并进入大脑。

棱镜双目镜翻转了视觉世界，使如倒饮料、抓物体、不碰到门框穿过一道门等简单的任务突然变得极其困难。

布鲁尔报告说，戴几天棱镜双目镜，人们就能培养起一种新的内在左右感，知道如何区分新的左边和旧的左边，新的右边和旧的右边。戴一个星期，他们可以像布赖恩那样正常行动，同时丧失对新旧左右的概念。他们的世界空间地图改变了。戴上两个星期，他们可以流利地读写、走路、伸手拿东西，就跟没戴棱镜双目镜的人一样。在这短短的一段时间内，他们驾驭了颠倒的视觉输入。

大脑并不真正关心输入的细节，它只专注于弄清楚该怎样最有效地在世界里行动，得到它需要的东西。处理低水平信号的一切辛苦工作，大脑都帮你做好了。如果你有机会戴戴棱镜双目镜，不妨试试看。它揭示了大脑要付出多大的努力，才能看似毫不费力地生成视觉。

为什么说我们永远活在过去

我们看到，人的感知要求大脑对不同感官数据进行比较。但有一点让这种比较变成了一项真正的挑战，那就是对时间的把握。大脑是以不同的速度处理视觉、听觉、触觉等各种感官数据的。

以赛道上的短跑运动员们为例。看起来他们似乎在发令枪响的瞬间就都从起跑线冲了出去。然而枪声和动作并不是真正同时的：如果用慢镜头看，就会发现，枪响和他们起跑之间有着相当可观的间隔，差不多是 0.2 秒。事实上，如果他们在达到这个间隔之前就起跑，会被判犯规——他们"抢跑"了。运动员接受训练，尽量缩小这一间隔，但人的生物条件对它做了根本上的限制：大脑要登记声音，把信号发送到运动皮质，接着向下传到脊髓，再到肌肉。在短跑这种千分之一秒可决定胜负的比赛项目里，上述反应似乎慢得出奇。

要是比赛时，不用发令枪，而用闪光信号来下令起跑，那么这段延迟会缩短吗？毕竟，光速比声速快，这样选手们是不是就能更快地迈出起跑线？

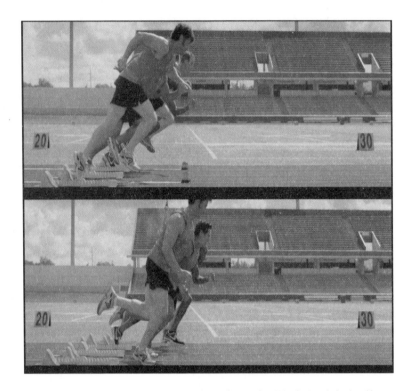

短跑运动员听到"砰"的一声（下）后起跑，比看到一道闪光（上）起跑更快。

我找了一些短跑选手来验证这个想法。在上图靠上的照片里，实验人员用闪光信号来下令起跑；在靠下的照片里，他们用发令枪下令起跑。

人对光的反应比较慢，这似乎与我们的直觉不符，因为光速在外部世界里是最快的。要想弄清这是怎么回事，就需要看一看大脑内部处理信息的速度。视觉数据比听觉数据要经过更为复杂的处理。和"砰"声通过听觉系统比起来，闪光信号要用更长的时间才能通过视觉系统。人对光的反应时间是 190 毫秒，而对"砰"声只需 160 毫秒，所以短跑运动员起跑用的是发令枪。

然而情况在这里变得奇怪起来。我们刚刚看到，大脑处理声音的速度比处理画面更快。可是，你再仔细观察一下，你在自己面前拍手会发生些什么。马上试试，你会发现一切似乎完美同步。既然声音在脑中处理得更快，这又是怎么回事呢？这意味着，你对现实的感知，是依靠巧妙的编辑技巧实现的最终结果——大脑把信号到达的时间差给隐藏了起来。这是怎么做到的呢？大脑所呈现的"现实"，其实是个延迟版。你的大脑从感官收集了所有的信息，才构建出"发生了什么情况"的故事。

这类时间差并不局限于听觉和视觉：每一类型的感官信息都需要不同长度的时间来处理。让情况变得更复杂的是，就连同一感官处理信息也存在时间差。举例来说，来自大脚趾的信号到达大脑的时间，长于来自鼻子的信号所用的时间。但你的感知并未察觉到这些时间差：你先收集了所有的信号，好让一切都显得是同步的。而这一切造成了一个最为奇怪的结果——你是活在过去的。等你感知到事情发生的时候，实际事发的那个瞬间早已不复存在。为同步感官传入的信息，我们付出的代价是：意识觉知滞后于物理世界。在事件的发生和你对它的意识体验之间，存在着一道不可跨越的鸿沟。

切断与外界的联系，"现实"会消失吗

大脑最终的构建形成了我们对现实的体验。尽管它以感官提供的数据为基础，但并不依赖于这些数据。我们是怎么知道的呢？因为就算这些数据没有了，现实也并不停止，只是变得更陌生了。

在旧金山，一个阳光明媚的日子，我乘船穿过寒冷的水域前往著名的海岛监狱阿尔卡特拉斯岛，俗称"恶魔岛"。我要去看一种名叫"山洞"的特殊牢房。在外面的世界破坏了规矩的人会被送到恶魔岛。而在恶魔岛破坏了规矩的人会被送到"山洞"里。

我走进"山洞"，关上了身后的门。洞里大概三米见方。四周一片漆黑，没有一丝半点的光线漏进来，声响也被彻底切断。在这里，你完完全全只有自己作陪。

关在"山洞"里几小时,甚至几天,会是什么样的呢?为了找到答案,我采访了以前在这里待过的囚犯。持枪劫匪罗伯特·卢克(Robert Luke),绰号"冷血人卢克",因为破坏自己的牢房,被送进"山洞"关了 29 天。卢克描述了自己的经历:"阴森森的'山洞'是个可怕的地方。有的人根本受不了。他们待在那儿一两天,就会开始拿脑袋撞墙。进了'山洞'后,你根本不知道自己会干些什么。你也不会想知道。"

跟外界完全隔离,没有声音,也没有光,卢克的眼睛和耳朵完全没了感觉输入。但他心中并没有丢掉外部世界的概念,只需要继续编造一个出来就行。卢克描述了自己的体验:"我还记得那些意识里的旅行。我记得有一次想到的是放风筝,整个场面非常真实,但这些全都发生在我的脑袋里。"尽管没有感觉输入,卢克的大脑仍继续在"看"。

对被单独监禁过的囚犯来说,这样的经历很常见。待过"山洞"的另一个人形容自己用意识之眼看到了一个光斑,然后他把光斑扩展成了电视屏幕,自己看起了电视节目。没了新的感官信息输入,囚犯们说自己已经不只是在做白日梦,他们说自己的这些体验似乎完全真实。他们不是在想象画面,而是真切地看到了画面。

他们的说法阐明了外部世界与我们视为"现实"的世界之间的联系。我们该怎么去理解卢克的经历呢?用传统的视觉模型解释,感知是数据处理的结果,这些数据始于眼睛,结束于大脑的某个神秘终点。可尽管这一流水线作业一样的视觉模型十分简单,却并不正确。

实际上,远在大脑接收来自眼睛和其他感官的信息之前,它自己就在生成现实。这一现实叫作内部模型。

内部模型的基础可以从大脑的解剖结构里看出。在头前部的眼睛和头后部的视觉皮质之间,有一个叫作丘脑的结构。大多数感官信息通过这里,连接到皮质的相应区域。视觉信息进入视觉皮质,所以从丘脑到视觉皮质有着数量庞大的连接。但令人惊讶的地方在于：在相反的方向上，也就是从视觉皮质到丘脑的方向上，连接数目是前者的 10 倍。

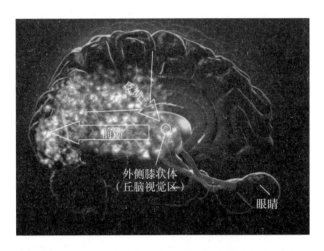

视觉信息从眼睛传到外侧膝状体，再传到初级视觉皮质。奇怪的是，在相反的方向上，有多达 10 倍的连接反馈信息。

对世界的详细预期，也就是大脑"猜测"的外界情况，从视觉皮质传输到丘脑。丘脑将预期与眼睛中传来的画面相比较。如果画面与预期相符（"当我转过头，应该能看到一把椅子"），那么就不会有太多活动回到视觉系统。丘脑只报告眼睛所见跟大脑内部模型的预测之间存在的区别。换句话说，传送回视觉皮质的是不符合预期的部分，也就是没料到的部分，称为"误差"。

因此，任一瞬间，我们所体验到的"看"，只在较小程度上取决于进入眼睛的光，更多是取决于脑子里已经有的东西。

因此，冷血人卢克坐在漆黑的"山洞"里仍然能拥有丰富的视觉体验。关在"山洞"里，感官没有新的输入提供给大脑，这让卢克的内部模型得以自由运作，他体验到了鲜明生动的影像和声音。哪怕大脑没有跟外部数据连接，它也在不断生成自己的图像。没了外部世界，演出依然会继续。

The Brain

大脑就像一座城市

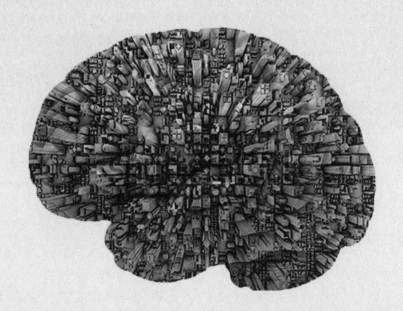

就跟城市一样，大脑的整体运作源自它内部无数部位的联网交互。总有人禁不住要为大脑的每个区域分配一项功能，"这个部分做这件事"。可尽管人们为此进行了长期的尝试，大脑功能仍然不能被理解为"几个分工明确的模块的活动集合"。

相反，要把大脑想成是一座城市。如果你去观察一座城市，问："经济位于什么地方？"你会发现这个问题没有一个好的答案。经济来自所有元素的互动：从商店和银行，到商人和顾客。

大脑的运作同样如此，某一功能并不集中在同一个位置进行。就跟城市一样，大脑的任何区域都不是单独运作的。在大脑和在城市里，所有的一切都来自居民们在同城及异地等不同层面上的互动。一如火车把原材料和纺织品运进城市，经加工处理进入经济层面，来自感觉器官的原始电化学信号也顺着神经元的超级高速公路进入大脑。在大脑里，信号经过处理，转化成我们的意识现实。

如果你要体验内部模型，用不着把自己关进"山洞"里。许多人在感官剥夺室里体会到了巨大的愉悦感，那是一种黑暗的箱子，人漂浮在箱子里的盐水当中。从外部世界起锚离开，内心世界得以自由翱翔。

当然，你也用不着去太远的地方寻找感官剥夺室。每天晚上你睡觉的时候，都拥有完整、丰富的视觉体验。你的眼睛闭着，但你享受着色彩鲜艳的梦中世界，并相信它的点点滴滴都是真实的。

为什么说我们只能看到自己想看到的

走在城市的街道上，你似乎无须认清细节，就能够自动知道周围有些什么东西。你的大脑依靠多年来在其他城市街道上行走的经验建立起内部模型，根据内部模型推测你看到了些什么。你每一次的经历，都有助于大脑构建内部模型。

你不是每一刻都在利用感官不断从头重建现实，而是用大脑已经构建起来的模型跟感官信息相比较，对模型不断更新、精炼、纠正。大脑把这个任务做得极为专业，让你平常根本意识不到。不过在有些时候，在特定条件下，你可以看到这个过程的运作。

找一张塑料面具。把它翻过来，看着它凹陷的内侧。你知道它是向内凹的。尽管如此，你还是不禁觉得那张脸是向外凸出来的。你所体验到的不是眼睛输入的原始数据，而是一个内部模型。这套内部模型认为脸就是凸出来的。凹面错觉向你展示了大脑预期对视觉的影响。还有一个演示凹面错觉的简单方法：把脸压到新雪上，接着给雪里留下的痕迹照张相。在你的大脑看来，照片显示的像是向外凸出的 3D 雪雕。

哪怕是在运动时，让外部世界保持稳定也要依靠内部模型。假设说，你看到了一处想要铭记的城市景观，拿出手机来拍摄视频。但你不打算让摄像头对着景观平稳地横移，而是决定让它像眼珠那样移动。尽管你通常意识不到，但眼睛每秒钟大约会跳跃地急速扫视 4 次，这种运动叫作"眼跳"。如果要这样拍摄，那你很快就会发现，根本没法录制视频：回放的时候，你会看到视频东摇西晃，让人产生眩晕的恶心感。

面具的凹面（图右）看起来仍然像是对着你凸出来的。我们所看到的画面，受到大脑预期的强烈影响。

那么，为什么你看世界的时候，它是稳定的呢？为什么它不会像那糟糕的视频一样抽筋般地晃动呢？原因在这里：内部模型是基于"外部世界是稳定的"这一假设来运作的。人的眼睛并不像摄像机，眼睛只是在外探索更多的细节，然后送入内部模型。透过眼睛看跟透过相机镜头看是不一样的，眼睛收集点滴数据，并输入头骨之内的世界。

为什么说"粗心大意"对大脑有利

有了对外部世界构建出的内部模型，我们得以快速察知周围的环境。这是内部模型的主要功能——导览世界。但我们不见得总能意识到大脑漏掉了许多微妙的细节。我们有一种错觉：自己十分详细地接收到了周围世界的所有信息。但 20 世纪 60 年代进行的一次实验表明，我们并没有。

俄罗斯心理学家保罗·亚尔布斯（Paul Yarbus）设计了一种实验，在人首次观看某一场景时追踪其眼球的运动。他拿出列宾的油画《不期而至》，要求被试在三分钟里观察画的细节，接着将油画藏起来，请他们复述自己看到了些什么。

志愿者们观察列宾的油画《不期而至》时，我们追踪了他们的眼球运动。白色条痕显示了他们眼球扫到了哪些地方。尽管眼球运动覆盖了画面，但志愿者们几乎没有记下任何细节。

我重做了亚尔布斯的实验，给参与者时间以观察油画，让他们的大脑针对油画构建内部模型。但这一模型有多精细呢？我向参与者们提问时，所有看过油画的人都认为自己知道画面里有些什么。可等我提出具体的问题后才发现，大家的大脑却明显没有记住大部分的细节。墙壁上有多少幅画？房间里的家具是什么？有多少个孩子？地面是木地板还是铺了地毯？意外访客的脸上是什么表情？参与者们回答不出来。这表明，他们对画面只建立起了十分粗略的印象。他们惊讶地发现，哪怕是靠着低分辨率的内部模型，自己仍然产生了"什么细节都看到了"的印象。提问过后，我给了他们一个重看油画、寻找答案的机会。他们的眼睛找到了信息，并把那些信息整合到了升级后的内部模型里。

这并非大脑出了故障。它不是要生成对世界的完美模拟，相反，内部模型是一个仓促得出的近似模型——只要大脑知道去哪里获取额外的细节，那么就可以根据需要增添更多的细节。

那么，为什么大脑不提供完整的画面呢？因为大脑运转起来太消耗能量了。人体消耗的能量中，20% 都用来为大脑提供动力，所以大脑会努力按最节能的方式运作，这意味着只处理来自感官的最少量信息，满足为我们在世界里导航的需求就行了。

人的目光投在某样东西上，并不保证就一定看到了它，而最早发现这一点的并不是神经科学家。魔术师很早以前就对此有所领悟。通过引导观众的注意力，魔术师在众目睽睽之下表演戏法。他们的动作本应泄露天机，但观众的大脑只处理视觉场景中少量的数据，他们大可放心。

这一切有助于解释交通事故中司机为什么会在视野清晰的情况下撞到行人，或是跟眼前的汽车正面相撞。很多时候，眼睛盯着正确的方向，但大脑并没有看到那里真正有些什么。

色彩、声音、气味是真实存在的吗

我们认为颜色是周围世界具有的一个基本特质。但在外部世界里，颜色实际上并不存在。

当电磁辐射接触到物体时，人的眼睛捕捉到了它的部分反射。我们可以区分上百万种的波长组合，但这些波长组合仅仅在我们的大脑里才会变成颜色。颜色是对波长的阐释，只存在于大脑内部。

还有更奇怪的。这里所说到的波长，仅限于所谓的"可见光"，即从红色到紫色的波段。但可见光仅占电磁波谱的一小部分，还不到十万亿分之一。波谱的其余部分，包括无线电波、微波、X射线、伽马射线等，全都在我们身边流淌，然而我们完全意识不到。这是因为人类没有任何专门的生物受体来捕获这些来自电磁波谱其他波段的信号。我们所见到的单薄的现实片段，是受自身生物能力限制的。

每一种生物都获取着自己的现实片段。在蜱虫又瞎又聋的世界里，它从环境里检测到的信号是温度和体味。蝙蝠检测到的是空气压缩波的回波定位。线翎电鳗体验到的世界，是由电场干扰所定义的。这就是它们能够从生态系统中检测到的片段。没有哪种生物体验了真实的客观现实；每一种生物经过进化演变，都只感知到自己能够感知的现实部分。但推测起来，每一种生物也都认为自己的现实片段就是整个客观世界。为什么我们就想不到还有些东西是自己没感知到的呢？

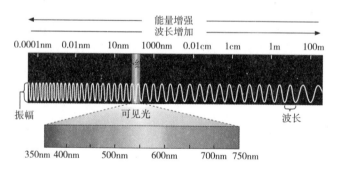

人类只检测到电磁波谱所携带的信息中极小的一部分。标有"可见光"的彩虹色片段，与波谱其余部分的构成相同，但人类只针对这一部分配备了生物受体。

那么，脑袋外面的世界"看"起来到底什么样呢？那里不光没有颜色，也没有任何声音：空气的压缩和膨胀由耳朵捕获，转换成电信号，接着大脑把这些信号展现为流畅的音调，以及各种沙沙、哗啦、叮当的声音。现实也没有气味，大脑之外没有气味这一概念。飘浮在空气中的分子跟鼻子里的受体相结合，由大脑阐释为不同的气味。真实的世界并不产生这些丰富的感觉，是大脑靠着自己的官能照亮了世界。

为什么有人能"看到"声音

我怎么知道我的现实跟你的是一样的呢？对大多数人来说，这无法判断；但整个人类种群里的确有这样一小部分人，他们对现实的感知跟大部分人的感知呈现出可测量的不同。

以汉娜·博斯利（Hannah Bosley）为例。她看到英文字母时，大脑内部会产生颜色体验。对她来说，J 是紫色的，T 是红色的，这是不言而喻的事实。字母不由自主地自动触发颜色体验，而她对两者的联想永远不会改变。在她看来，自己的名字（Hannah）就像是日落，从黄色开始，渐变成红色，接着是云朵的颜色，再又回到红色，然后又是黄色。而 Iain（伊恩）这个名字，在她看来就像是一摊呕吐物，当然，她对叫这个名字的人很和气。

汉娜并不是在作诗、比喻，她有着一种名为"联觉"（synaesthesia，也叫"通感"）的感知体验。联觉指的是感知混合的情况，有时也指概念混合。联觉分为许多不同的种类。有些人或许能尝到字词的味道；有些人或许能看到声音的颜色；有些人或许能听到视觉运动。总人口里约有 3% 的人具有某种联觉。

汉娜只是我实验室里研究过的 6 000 多例联觉者中的一位，事实上，汉娜还在我的实验室工作了两年。我研究联觉，因为它是少数几种他人的现实体验与我明显有别的情况之一。联觉的存在足以表明，人们对世界的感知并非同一个模子塑造出来的。

联觉是大脑感官区域之间串扰的结果，就像邻近地区之间的边界被渗透一样。联觉现象表明，哪怕是大脑接线的微观改变，也会带来不同的现实。

每当遇见存在此类体验的人，我就提醒自己：不同的人、不同的大脑，对现实的内部体验可能是有所不同的。

为什么说接受"真相"对自己没有好处

我们都知道晚上做梦是怎么回事，那些不请自来的离奇想象带着我们上路飞驰。有时，梦境之旅把人折磨得很不安宁。而好消息是，我们一醒来，就会再度清醒，并跟那些梦一刀两断：那只是一场梦。

想象一下，如果梦境和清醒状态相互交织，难以区分，甚至无法区分，那会是什么情况？有一些人，大约占总人口的 1%，就无法区分梦境和现实，因而他们眼中的现实是相当骇人的。

埃琳·萨克斯（Elyn Saks）是南加利福尼亚大学的法学教授。她聪明、善良，但从 16 岁起，她的精神分裂症总断断续续地发作。精神分裂症是一种大脑功能紊乱的疾病，她会听到别人听不见的声音，看到别人看不见的东西，她认为别人能读出自己的想法。幸运的是，靠着药物和每星期的治疗，埃琳的生活基本不受影响——她可以进行讲座，并且已经在法学院教了 25 年的书。

我到南加利福尼亚大学采访了她，她向我讲述了自己过去精神分裂症发作时的体验："我感觉就像是房子在跟我通话：'你很特别。你特别糟糕。悔改吧。停止吧。走吧。'我不是靠耳朵听到这些话的，它们是植入我脑袋里的想法。但我知道它们是房子的想法，不是我自己的想法。"有一次，她相信自己的大脑里要发生爆炸了，她很害怕，不光是担心自己，也怕伤及无辜。还有一段时间，她一直相信自己的大脑会从耳朵流淌出去，淹死别人。

如今，逃离了那些妄想的纠缠，埃琳笑着耸耸肩，好奇当初到底是怎么回事。

埃琳大脑里的化学物质失衡，微妙地改变了信号模式。这些信号模式稍有不同，就能突然把人困在一种总是发生不可能之事的奇怪现实里。精神分裂症发作的时候，埃琳从来意识不到那些事情的奇怪之处。为什么呢？因为她相信自己大脑里的化学反应所讲述的故事。

我曾读过一本古老的医学教科书，这本书把精神分裂症描述成梦境侵入清醒状态。虽然我现在很少看到有人这样描述它，但以这种方式去理解当事人的体验是很有见地的。下一次你看到有人在街头自言自语，行为失常，不妨提醒自己，如果你无法区分清醒和做梦状态，那就会是这样。

埃琳的体验，为我们理解自身现实带来了启示。当置身于梦境中时，我们感觉梦是真的。当我们匆匆一瞥，对某样东西做出了错误的阐释时，却坚定地相信自己了解了所看到的东西，毫不动摇。当我们回忆起一段其实是虚构出来的经历时，就很难接受它并未真正发生。尽管难以量化，但此类虚假的现实积累起来，就把我们的信念和行为涂抹得根本辨认不出来了。

无论是沉浸在严重的妄想中，还是处在跟普通人相吻合的现实里，埃琳都相信自己正经历的一切是真的发生着。和所有人一样，对她来说，在头盖骨的密封礼堂里上演的故事，就是现实。

为什么我们有时会感到时间变快或变慢了

现实还有一个我们很少思考的方面：大脑的时间体验常常很奇怪。在某些情况下，我们体验到的现实似乎会运转得更快，或者更慢。

我 8 岁的时候，从房顶上掉了下来，掉的过程似乎花了很长时间。等我上了高中，学了物理，我算了算实际上掉落过程到底花了多长时间。原来只不过是 0.8 秒。这令我踏上了探索的征途：为什么它感觉起来是那么久？这说明我们对现实的感知有什么样的特点呢？

在高山上，专业翼装飞行运动员杰布·科利斯（Jeb Corliss）经历了时间的失真。一切始于他和以往差不多的一跳。但那一天，他决定瞄准一个目标：用自己的身体连续撞破一组气球。杰布回忆说："气球拴在花岗岩悬崖突出的外角，在我要去撞其中一个的时候，我判断出错了。"他估计自己以每小时 190 千米的速度撞到了花岗岩上。

杰布是专业的翼装飞行者，所以，那一天发生的事情，悬崖边上和绑在他身上的许多台摄像机都拍了下来。在视频当中，人们可以听到杰布撞到花岗岩上的声音。然后他从摄像机前掠了过去，越过他刚刚擦到的悬崖边缘，继续坠落。

就是这时候，杰布的时间感觉扭曲了。他这样描述："我的大脑分裂出了两个独立的思考过程。其中一个只有技术数据。你有两个选择：你可以不拉伞绳，继续往前飞，撞上去，直接撞死。或者，你可以拉动伞绳，让降落伞弹出来，接着在等待救援期间失血过多而死。"

对杰布来说，这两个不同的思维过程感觉花了好几分钟："就像是你头脑运转得快极了，其他所有的一切都慢了下来，一切都延长了。时间变慢，你产生了类似慢动作的感觉。"

他拉动了伞绳，猛冲落地，断了一条腿、两边的脚踝、三根脚趾。从杰布撞到岩石上的瞬间到他拽动伞绳的瞬间，只隔着短短 6 秒钟。但就像我从屋顶上摔下来时一样，在他看来，这 6 秒钟延长了，仿佛用了更久。

翼装飞行中一次小小的判断失误，让杰布陷入了丢掉性命的恐惧。他对这件事的内部
体验，与从摄像机里看到的完全不同。

在许多性命攸关的经历中，如车祸或抢劫，还有看到心爱之人处于危险境地
的事件，如孩子掉进湖里，都有人报告说曾产生过时间变慢的主观感受。所有这
些报告中的主观感受都有一个共同特点，报告者们都感觉事件的展开比正常情况
更慢，并伴有丰富的细节。

我从屋顶上跌落，或者杰布从悬崖上弹开的时候，我们的大脑里面发生了些什么
呢？难道说，在可怕的情况下，时间真的会放慢？

几年前，我和学生设计了一项实验来解答这个悬而未决的问题。我们让人们从 45
米高的空中坠落——自由落体，而且是背朝下，由此带给他们一种极度的恐惧。

在实验中，参与者在手腕上绑着一种数字显示装置，这种装置是我们发明的，名
叫"感知计时器"。他们要报告自己从该装置上读到的数字。如果他们真的可以进入慢
动作的时间状态，就能够读出数字。但结果并没有人做到。

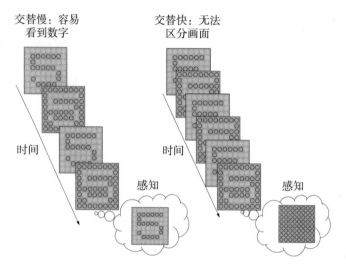

感知计时器显示的数字慢慢交替的时候，人们能够读出来。如果交替
得快，就没法读出。

那么，为什么杰布和我都记得自己的事故就像是发生在慢动作里一般呢？答案似乎在于记忆的存储方式。

在受到威胁的情况下，大脑里一个名叫"杏仁核"的区域的运转切入了高速挡，征调了大脑其余部位的资源，全部用于应对眼前的局面。杏仁核发挥作用时，保留下来的记忆远比正常情况下更详细丰富，它激活了一套次级记忆系统。毕竟，这就是记忆的目的：追踪重要事件，如果再碰到类似情况，大脑会有更多信息可用来求生。换句话说，如果事情可怕得威胁到了性命，那就该好好地做笔记。

由此导致一个有趣的副作用：大脑不习惯那种记忆密度（引擎盖撞得扭曲了，后视镜掉了，对面的司机看起来像是我的邻居鲍勃），所以，当事件在记忆里回放时，得出的解释是这件事肯定持续了更长的时间。换句话说，我们并不是真正以慢动作模式体验到了可怕的事故，相反，这是读取记忆时的一个把戏。当我们问自己："刚才发生了什么？"记忆的细节告诉我们，肯定是进入了慢动作状态，哪怕其实并没有。时间扭曲是回想时出现的现象，是记录现实的记忆所搞的鬼。

如果你经历过生死攸关的事故，说不定还坚持认为，在事故发生时，它是慢动作展开的。但要注意：这是我们应对现实的意识的另一种伎俩。就如我在前面论述感官同步的部分中提到的，人其实并不存在于此时此刻。一些哲学家认为，意识觉知无非是大量、快速的记忆查询——大脑在不停地问："刚才发生了什么？刚才发生了什么？"因此，意识体验其实也只不过是即时记忆罢了。

我想再顺便说一句，即便我们已经公布了这方面的研究，仍然有人告诉我，他们认为事件真的是像慢动作电影一样展开的。所以，我通常会问他们，他们车里邻座的人尖叫时是不是也跟慢动作电影里一样，是调子很低的"不——要——！"。他们只能承认不是这么回事。这也是论据之一，表明不管人的内在现实是什么样，感知时间其实也并未拉长。

大脑提供了一个故事，不管这是个怎样的故事，每个人都相信它。无论是产生了视错觉，相信了自己所陷入的梦境，对字母有着颜色体验，还是在精神分裂状态下把妄想当成真的，不管大脑的脚本怎么写，每个人都接受自己的现实。

尽管我们感觉自己是直接体验到了外面的世界，但我们的现实最终是用电化学信号这一陌生的语言在黑暗中构建起来的。庞大神经网络里翻腾的活动，变成了你的故事、你对世界的私人体验：这本书在你手里的感觉、房间里的亮光、玫瑰的香味，以及其他人说话的声音。

更奇怪的是，很可能每一颗大脑讲述的故事都略有不同。每一个情境，只要有多个目击者，不同的大脑就有着不同的私人主观体验。地球上游荡着 80 多亿颗人类大脑，还有数万亿颗动物大脑，并不存在统一版本的现实。每一颗大脑都承载着自己的真相。

那么，什么是现实呢？它就像是一套只有你能看见的电视节目，而且你无法把它关掉。好消息是，它播出的恰好是你能接收到的最有趣的节目，经过编辑，非常个性化，只为你播出。

The Brain

测量视觉速度：感知计时器

为了检验可怕情况下的时间感知，我们让参与者从 45 米高的地方自由落体。我自己试了 3 次，每一次都同样可怕。在仪器的显示屏上，数字是 LED 灯生成的。每一个瞬间，原本亮着的灯熄灭，熄灭的灯亮起来。如果交替的速度慢，参与者能毫不费力地读出数字。可一旦交替速度稍微加快，正负图像就融合到了一起，人就没法看到数字了。

为判断参与者是否真的能够看到慢动作，我们在他们下落的时候，把仪器的交替速度设置得比人正常能看到时更快一些。如果他们真的能看到慢动作，就像《黑客帝国》里的尼奥一样，他们应该能毫不费力地辨识出数字。如果不能，那么他们能感知到的数字交替率就跟在地面上时没有区别。结果怎么样呢？我们让 23 名参与者下坠，包括我自己，没有一个人在半空中的视觉表现比在地面上时更好。我们并没有变成尼奥，虽然当初我们也这样想。

The Brain

第 3 章

觉醒:
我的人生谁说了算

The Brain

把咖啡杯送到嘴边，这一看似简单的动作所需的运算力，为何需要数十台超级计算机才能提供？

人类真的像提线木偶一样，受意识系统随意摆布吗？

接受大脑刺激、被动做出选择的试验参与者为何会信誓旦旦地说是出于自己的"自由意志"？

无意识是大脑的一种自我保护吗

现在是早晨，太阳刚探出地平线，你家附近的街道很安静。在城市所有的卧室里，一间接一间地，开始发生一件惊人的事情：居住者们的意识闪烁着苏醒了。本星球最复杂的物种正逐渐意识到自己的存在。

就在刚才，你还在熟睡之中，你大脑中的生物物质跟现在一模一样，但现在它的活动模式发生了些许变化。于是，在这一刻，你开始享受到体验了。你读着一张纸上的潦草字迹，从中提取意义。你也许正感觉太阳照在皮肤上，清风从发丝间拂过。你可以感觉到舌头在嘴里的位置，感觉到左脚上穿的鞋。一旦清醒，你立刻就知道了自己的身份、生活、需求、欲望和计划。一天又开始了，你准备好反思自己的人际关系和目标，并相应地指导自己的行动。

但你的意识觉知对你的日常行为有多大的控制力呢？

想想你是怎么阅读书上这些句子的。当你的视线扫过这一页，你基本上察觉不到眼睛快速的跳跃。你的目光并不是沿着书页平稳移动的，相反，是以从一个点跳跃到另一个点的方式移动。当你的眼睛在跳跃的过程中时，它们动得太快，无法阅读。只有当你停下来注视一个位置时，眼睛才读取文字，通常一次用时 20 毫秒左右。你意识不到这些跳跃、停顿和启动，因为大脑耗费了许多能量，才让你对外部世界的感知稳定下来。

想想下面这一点，你甚至会觉得阅读变得更加陌生：在阅读文字的过程中，这一串符号序列的意义直接流入了大脑。为了理解这是多么复杂的一件事，试试看阅读另一种语言的相同信息：

আপনার মস্তষ্কিরে মধ্যে সরাসরিচিহ্ন এই ক্রম থকেে প্রবাহ অর্থ

эта азначае , патокі з сімвалаў непасрэдна ў ваш мозг

당신의 두뇌 에 직접 심볼 의 흐름을 의미

如果你不认识孟加拉文、白俄罗斯文和韩文，那么这些字母在你看来恐怕是些奇怪的涂鸦。但一旦你能读懂，就像现在这一段，你就会有种理解文字毫不费力的错觉：我们似乎意识不到自己正执行着一件破解文字的艰巨任务。幕后的工作，全由大脑搞定。

那么，到底是谁说了算呢？你是自己这艘船的船长，还是说，你的决策和行为与看不见的大量的神经元关系更大？与你日常生活质量息息相关的是你所做的良好决策，还是密集的神经元和数不清的稳定的化学传输？

在本章，我们将发现，"有意识的我"只不过是大脑活动中极小的一部分。人的行为、信念、偏见都受意识无法访问的大脑网络驱动。

想象我们正一起坐在一家咖啡馆里。我们聊着天，你看到我拿起咖啡杯喝了一口。

这个动作非常不起眼，基本上不值一提，除非我不小心把咖啡洒到了衣服上。但请让我们献上赞美吧：把咖啡杯送到嘴边可不容易。在机器人研发领域，人们至今仍绞尽脑汁想让机器人顺利无阻地执行此类任务。为什么呢？因为这个简单的行为，是靠大脑精心协调的数万亿电脉冲来支撑的。

我的视觉系统先扫描整个场景，锁定眼前的杯子，多年的经验触发了其他情境下关于咖啡的记忆。我的额叶皮质将信号发送到运动皮质，运动皮质准确地协调整个躯干、胳膊、前臂和手部的肌肉收缩，这样，我拿起了杯子。一触碰到杯子，我的神经就传回了有关杯子重量、它的空间位置、温度、手柄的光滑度等大量信息。

这些信息通过脊髓向上传入大脑，补充到向下传导的信息中，就像双向公路上快速行驶的车流一样。这些信息来自基底核、小脑、躯体感觉皮质等大脑诸多部位的复杂编排。在几分之一秒里，我拿起杯子的握持力量就调整好了。通过海量的计算和反馈调整，我调整肌肉，保持杯子水平，将它平稳地顺着一条向上的长长弧线送到嘴边。我一路上都做着细微的调整，等杯子靠近嘴唇时，我将它稍微倾斜，倒出少许液体进入口中，以免烫伤自己。

大脑对举着杯子递到嘴边的行为所进行的计算是非常复杂的。但是这一切，我的意识都"看"不到。我只知道咖啡有没有被送到嘴里。

The Brain

大脑丛林

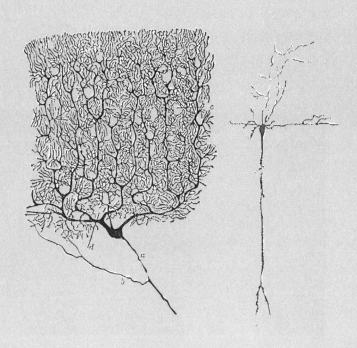

　　从 1887 年开始，西班牙科学家卡哈尔（Santiago Ramón y Cajal）借助摄影知识，对脑组织切片进行化学染色。这种技术能让人看到单个大脑细胞及其所有美丽的分支。自此以后，人们愈发清楚地意识到，大脑是一套复杂的系统，超越了人类的一切创造物，也没有语言能够完美地描述它。

　　随着显微镜的规模化生产和进步，以及细胞染色新方法的出现，科学家开始描述（至少是笼统地描述）构成大脑的神经元。这些奇妙的结构有着各种有趣的形状和尺寸，扭结在一片密密麻麻的丛林当中，科学家们仍需努力工作几十年，才可能将它们完全梳理清楚。

完成这一壮举所需的运算力，得用数十台世界上最快的超级计算机才能提供。然而，我对大脑里的雷电风暴丝毫没有觉察。虽然神经网络疯狂地开展着无数的活动，我的意识体验却有所不同，可以说是对此毫不知情。"意识我"正全神贯注地投入在我们的谈话当中。我甚能暂停复杂的对话，举起杯子，朝咖啡吹气。

我只知道嘴里是否喝到了咖啡。如果完美地执行，我可能根本注意不到自己做了这一行为。

大脑的无意识机器随时都在运转，但它的运转太过顺畅，我们一般都意识不到它在工作。结果，只有当它停止工作的时候，我们才最容易体会到。如果连做那些平常视之为理所当然的简单动作都需要有意识地去思考，比如简单的行走，那会是什么样的情形呢？为找到答案，我与一个叫伊恩·沃特曼（Ian Waterman）的人聊了聊。

伊恩 19 岁时，因为一场严重的胃肠型感冒，遭受了罕见的神经损伤。他丧失了向大脑传达触觉及自己肢体位置（被称为"本体感觉"）的感觉神经。结果，伊恩再也无法自动地管理自己身体的任何动作了。医生告诉他，尽管他身体的肌肉没问题，可他的余生都只能坐在轮椅上了。不知道自己的身体在哪里，人是没法动弹的。虽然我们很少停下来体会，但正是我们从外部世界和肌肉中所得的反馈，促成了我们对复杂运动的随时管理。

伊恩不愿意因为病情而从此过上不能行动的生活。然而，伊恩在整个清醒时段，都必须有意识地思考自己身体所做的每一个动作。因为对自己的肢体位置没有感知，伊恩必须集中精神，有意识地判断怎样动弹身体。他利用自己的视觉系统来监控肢体位置。走路的时候，伊恩向前伸着脑袋，以尽量仔细地观察自己的肢体。为了保持平衡，他使劲把胳膊伸到后面，借此抵消头往前伸带来的失衡。因为无法感觉到自己的脚接触地面，他必须预计每一步的准确距离，支棱着腿迈出去。他每走一步，都要通过意识思维来进行计算和协调。

因为丧失了自动行走的能力，伊恩非常清楚，大多数人视为理所当然的行走协调能力是多么神奇。他指出，自己周围的每个人都走得那么流畅自如，根本没意识到管理这一流程的是多么惊人的系统。

如果伊恩不小心走了神，或者脑海里浮现出了无关想法，他说不定就摔倒了。他要全神贯注地观察最琐碎的细节，如地面的坡度、腿部的摆动，此时必须抛除所有的杂念。

因为一种罕见的疾病，伊恩·沃特曼丧失了来自身体的感觉信号。他的大脑无法再获得触觉和本体感觉。结果，他每走一步，都需要有意识地规划，并对肢体进行持续的视觉监控。

如果你跟伊恩待上一段时间，哪怕就是短短的一两分钟，你也能立刻意识到，起床、穿过房间、打开房门、和人握手，这些我们认为不值一提的日常行为竟然是那么复杂。乍看起来，这些行为很简单，其实完全不是这样。所以，下一次，你看到人散步、慢跑、滑滑板或者骑自行车，不妨静下心来想一想，不仅是想人体之美，还要想想无意识大脑对人体进行完美编排的能力是多么惊人。最基本动作的复杂细节，是在一个你根本看不见的微小空间尺度上，通过数万亿次的运算生成的，它的复杂规模超出了你的理解范围。我们至今都制造不出在动作上能跟人体机能相提并论的机器人。可我们的大脑却能用大约相当于 60 瓦灯泡的能量效率极高地完成一台超级计算机需要消耗庞大电力才能完成的同等任务。

The Brain

本体感觉

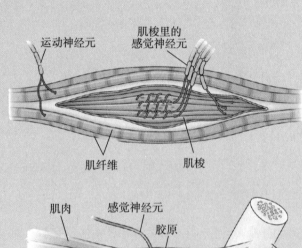

运动神经元

肌梭里的
感觉神经元

肌纤维   肌梭

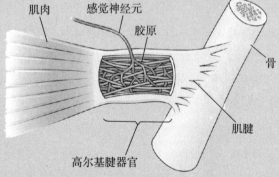

肌肉   感觉神经元

胶原

骨

肌腱

高尔基腱器官

就算闭上眼睛，你也能知道自己的四肢在哪里：左胳膊是向上还是向下？腿是伸直的还是弯曲的？背是挺直的还是弓着的？这种知道自己肌肉状态的能力，叫作本体感觉。肌肉、肌腱和关节的受体提供了关节角度、肌肉张力和长度的信息。总的来说，这为大脑提供了肌肉姿态的丰富画面，使其可以进行快速的调整。

如果你曾试过在一条腿麻木之后走路，那就能体验到本体感觉暂时失灵的感觉。感觉神经受到挤压，无法发送、接收相应的信号。没有了自己肢体的位置感，如切食物、打字或走路等简单的行为就都做不到了。

"熟能生巧" 是怎么一回事

神经科学家经常通过研究在某一领域有所专长的人，来解锁大脑功能的一些线索。为此，我去见了一个叫奥斯汀·纳贝尔（Austin Naber）的 10 岁小男孩，他拥有一项过人天赋：他是竞技叠杯运动的儿童世界纪录保持者。

奥斯汀用我的眼睛几乎跟不上的流畅动作，把一摞叠起来的塑料杯子摆成了对称排列的三座独立金字塔。接着，他双手舞动，又把金字塔拆成了两摞，再将之变成一座高大的金字塔，之后又恢复为初始状态下的一摞杯子。他在 5 秒之内完成了这一系列动作。我试了一下，自己的最好成绩是 43 秒。

奥斯汀·纳贝尔是世界竞技叠杯运动 10 岁以下组的冠军。他能根据特定的动作套路，在数秒之内构建并拆解杯塔。

观察奥斯汀的动作，你大概猜想，他的大脑一定是在超负荷地运转，燃烧较多的能量，才能迅速地协调这些复杂动作。为了检验这一假设，我着手在一场双人叠杯挑战赛里测量他和我自己的大脑活动。在研究员何塞·路易斯·孔特雷拉斯-维达尔（José Luis Contreras-Vidal）博士的协助下，奥斯汀和我分别戴上了电极帽，测量颅骨内部密集神经元产生的电活动。之后解读所测得的脑电波，直接比较挑战赛期间我们的大脑付出的努力。我们头上都配置好了设备，一扇洞察我们头骨内部世界的窗户打开了。

奥斯汀向我演示了他所用的套路步骤。为了不被 10 岁小孩赢得太离谱，我先反复练习了大约 20 分钟，挑战赛才正式开始。

我的努力最终没什么用。奥斯汀完胜了我。他圆满完成了整个套路的最后一步时，我才差不多完成了整个套路的 1/8。

我的失利并不出人意料，但脑电图揭示了些什么呢？如果说，奥斯汀的完成速度是我的 8 倍，那么，说他的能耗是我的 8 倍似乎是个合理的假设。但这一假设忽视了大脑掌握新技能的基本原则。脑电图结果最终表明，超负荷运转、燃烧海量能量以完成这一复杂新任务的是我的大脑，而非奥斯汀的。我的脑电图显示，与大量的问题解决相关的 β 波频段高度活跃。对比来看，奥斯汀的 α 波段高度活跃，这种状态是与大脑的休息放松相关的。也就是说，尽管他的动作速度快又复杂，可他的大脑却很平静。

有意识的思考会燃烧能量。图中显示的是我（左）和奥斯汀（右）大脑的脑电活动图，亮度代表活动幅度。

The Brain

脑电波

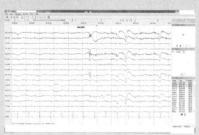

脑电图是监听来自神经元的整体电活动的一种方法。我们在人的头皮表面上放置小电极以接收"脑电波"，"脑电波"是一个口语词，指的是下层复杂神经活动产生的平均电信号。

1924 年，德国生理学家、精神病学家汉斯·贝格尔（Hans Berger）首次记录了人类的脑电波。20 世纪三四十年代，研究人员确定了若干种不同的脑电波：睡眠期间出现的 δ 波（低于 4Hz）；与睡眠、深度放松和视觉想象相关的 θ 波（47Hz）；人放松且平静时出现的 α 波（8～13Hz）；我们思考活跃、解决问题时可见到的 β 波（13～38Hz）。这之后，研究人员还识别了处在其他范围的重要脑电波，包括 γ 波（39～100Hz），它与推理和计划等专注的精神活动相关。

大脑的整体活动是所有这些不同频率脑电波的组合，但当我们在进行某一特定的行为时，大脑会主要展现某一种频率的脑电波。

奥斯汀的天赋和速度是他大脑生理变化的结果。经过多年练习，他大脑里神经连接的特定模式已经形成。他把叠杯的技术刻录进了神经元的结构里。因此，奥斯汀现在用来叠杯的能量消耗得比我少得多。与此相反，我的大脑则要用有意识的思考去解决这个问题。我使用的是通用认知软件，他则把该技能转移到了专门的认知硬件当中。

我们练习新技能的时候，这些技能就变成了物理硬接线，沉到意识层面之下。有些人想把这叫作肌肉记忆，但实际上，技能并不存储在肌肉里，相反，叠杯套路编织在奥斯汀大脑密密麻麻的连接丛林里。

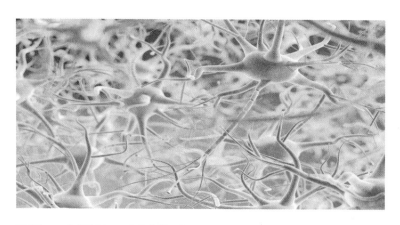

经过练习，技能被写入了大脑的微观结构。

多年的叠杯练习，改变了奥斯汀大脑网络的复杂结构。程序记忆是一种长时记忆，是关于怎样自动做事情的记忆，比如骑自行车、系鞋带等。对奥斯汀来说，叠杯成了写入大脑微观硬件的程序记忆，这让他的动作变得又快又节能。通过练习，重复信号沿神经网络传递，强化了突触，从而把技能刻入回路。实际上，奥斯汀的大脑已经培养出了高度专业化的技能，他甚至能蒙上眼睛完美地完成叠杯套路。

对我来说，在学习叠杯的过程中，我的大脑征调的是前额叶皮质、顶叶皮质和小脑等速度缓慢又耗能多的区域，而奥斯汀完成叠杯套路早已不再需要它们。在学习一种新运动技能的初期，小脑起着特别重要的作用，它协调着那些需要精准度以及要完美把握时机的动作。

技能变成硬接线后，就沉到了意识控制层面之下。到了这时候，我们就能够不假思索地自动执行一项任务，也就是说，不需要有意识参与了。在某些情况下，一种技能接线程度极深，有研究者在大脑下面的脊髓里发现了它的回路。在实验中被摘除了大部分大脑的猫仍然能在转轮上走动，因为其步态所涉及的复杂程序早已存储到了更下层的神经系统里。

为什么有意做某事容易适得其反

一生中，人的大脑都在不断重写，为我们要完成的任务（不管是走路、冲浪、杂耍、游泳，还是驾驶）建立专用回路。这种将程序刻录进大脑结构的能力，是大脑最厉害的一种招数。大脑将专用回路接线到硬件当中，由此只需微不足道的能量就能解决复杂的运动问题。一旦刻入脑中，这些技能就可以不假思索地运行，无须有意识地努力，从而释放资源，让"有意识的我"参与、投入其他任务当中。

这种自动化带来了一个后果：新技能沉入了意识可读取的范围之下。你不能再查看引擎盖下运行的复杂程序，因此无法确切地知道自己是怎么做某一件事的。你靠在楼梯边跟人对话的时候，不知道自己是怎么计算出身体保持平衡所需进行的数十种微调整，你不知道自己的舌头怎么活动才发出了所用语言的合适声音。这些都是困难的任务，你不是随时都能完成的。但因为你的行为变成了无意识的自动行为，这就赋予了你"自动驾驶"的能力。我们都了解这样一种感觉，顺着常规路线开车回家，却猛然间意识到，自己对整个驾驶过程毫无记忆就到了家。驾驶所涉及的技能自动化程度太高了，你能够无意识地完成这一惯常行为。驾驶汽车的，不再是"有意识的你"（也即你早晨醒来时苏醒的那一部分），它充其量算是个搭顺风车的乘客。

自动化技能有一点有趣的优势：有意识地加以干预，往往会使其表现变差。习得的熟练动作，哪怕非常复杂，最好还是不要加以干涉。

　　来看看攀岩爱好者迪安·波特（Dean Potter）的例子，他不用绳子和安全装备攀登悬崖峭壁。在这样的攀登过程中，一旦失手，结果必定是死亡。迪安从 12 岁开始就专注于攀岩事业。多年的训练将高精准的动作和技巧硬接线进了他的大脑。为了追求卓越，迪安完全依赖这些久经训练的神经回路来发挥作用，不让有意识的思考妨碍其中。为了活下去，他把控制权完全交给了无意识。他进入一种所谓的"心流"状态来攀岩，在此种状态下，极限运动员往往能最大限度地激发出自己的能力。和许多运动员一样，迪安将自己置于性命攸关的险境，以此进入心流状态。在这种状态下，他不受自己内心声音的干扰，完全依靠自己多年专注训练获得的硬件能力来攀爬。

这是大脑进入心流时的状态。迪安在无保护状态下进行攀岩的时候，尽量不思考。有意识的干预，往往会让他的表现变糟。

　　和叠杯冠军奥斯汀·纳贝尔一样，运动员处于心流状态时，脑电波不会充满喋喋不休的有意识思考"我看起来还好吗？""我应该这么说吗？""我锁门了吗？"。在心流期间，大脑进入一种"额叶功能低下"（hypofrontality）的状态，也就是说，前额叶皮质的一部分暂时变得不怎么活跃了。这些都是参与抽象思维、规划未来、专注于人的自我意识的部位。将这些后台操作挂入低挡，是让人能在攀岩途中不掉下去的关键举措：像迪安那样的壮举，只有在没有"内部闲聊"分心的情况下才能完成。

很多时候，把意识留在外场就是基于这个原因——对某些类型的任务而言，没有其他选择，因为无意识大脑能够高速运转，而意识大脑慢得根本跟不上。以棒球比赛为例，投手从投球区向本垒投出的快球，速度可高达每小时 160 千米。为了击中这个球，大脑的反应时间只有大约 0.4 秒。在这短短的时间里，它必须处理和协调一系列复杂的动作才能使击球员击中球。击球员总是能击到球，但他们不是有意识这么做的，球的飞行速度太快，人根本意识不到它的位置，击球员的脑中还没登记到底发生了些什么，击球动作就完成了。意识不光被留在了场外，还被抛在了身后。

内隐自我主义是人类的一种自恋行为吗

无意识的范围超出了我们身体的控制。它以更深刻的方式塑造着我们的生活。下一次你与人说话时不妨留意一下，你嘴里冒出词汇的速度要比有意识地控制自己说每一个词时更快。大脑在幕后工作，为你设计并拟定着语言、词形变化和复杂的思想。为便于比较，不妨想想你刚学一门外语时说话的速度。

"想法"的幕后运转也是一样的。我们认为"意识"是自己所有想法的幕后功臣，就好像产生想法的所有辛苦劳动都是我们自己完成的。实际上，是你无意识的大脑在为这些想法操劳，它不停地巩固记忆，尝试新组合，评估结果。在你察觉并宣布"我刚想到了个新点子"之前，它已经辛苦了几小时，甚至好几个月！

第一个解释无意识的隐形深度的人，是 20 世纪最具影响力的科学家之一——西格蒙德·弗洛伊德。1873 年，弗洛伊德进入维也纳大学医学院，修读神经内科专业。当他开设了治疗心理障碍的私人诊所后，他意识到，患者常常并未意识到自己行为背后的内驱力。弗洛伊德的观点是，他们的大部分行为是看不见的心理活动的产物。这个简单的设想为精神病学带来了彻底的转变，开拓了一条理解人类内驱力与情绪的全新路径。

The Brain

突触和学习

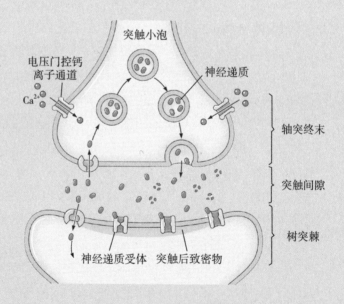

突触小泡

电压门控钙
离子通道

神经递质

Ca^{2+}

轴突终末

突触间隙

树突棘

神经递质受体 突触后致密物

　　神经元之间的连接被称为突触。这些连接就是名为神经递质的化学物质在神经元之间传输信号的地方。但不是所有的突触连接都强度相同：根据它们的活动情况不同，有些连接会变强，有些会变弱。突触的连接强度改变，信息也会以不同的途径穿越网络。如果连接变得太弱，就会萎缩消失。如果连接得到强化，也可以萌发出新的连接。一部分连接的重新配置是由奖励机制来引导的，当一切进展顺利的时候，奖励机制会使名叫"多巴胺"的神经递质在整个身体范围内释放。在数百个小时的练习当中，每一次动作的成败都缓慢地、细微地重塑着奥斯汀的大脑网络。

在弗洛伊德提出他的学说之前，异常的心理过程是没办法解释的，要不然就是被形容成是因为鬼魂附体、意志薄弱，诸如此类。而弗洛伊德坚持要到实体大脑里寻找原因。

弗洛伊德让患者躺在沙发上，不直接看着他，接着让患者讲话。在那个尚无法进行大脑扫描的时代，这是进入无意识世界最好的窗口。他用这种方法收集患者的行为模式、梦的内容、口误、笔误等信息。他像侦探一般观察，寻找患者无法直接接触的无意识神经机制的线索。

弗洛伊德开始相信，意识只是心理活动的冰山一角，而驱动思想和行为的更大部分，隐藏在看不见的地方。

弗洛伊德认为，意识就像一座冰山，其绝大部分都藏在人们觉察不到的地方。

事实证明，弗洛伊德的猜测是正确的，由此带来的一个后果是，我们基本上不知道自己所做的选择源于何处。大脑不断地从环境里提取信息，用来指导行为，但它往往并不辨识周围的影响因素。以一个叫"启动"（priming）的效应为例，它指的是一样东西影响了人对另一样东西的感知。举例来说，如果你握着一杯热乎乎的饮料，就会把自己跟家人的关系描述得更为温暖；如果你握着一杯冷饮，则会把这段关系形容得更为冷漠。为什么会这样呢？由于大脑判断人际关系的机制，跟判断身体冷暖的机制有所重合，故此两者会互相影响。于是，就连对于母子之间这样基础的人际关系，你的看法也会受手里握着热茶还是冰茶影响。同样，当置身于一个臭烘烘的环境时，你在道德判断上会更为严厉，比如说，你更可能把他人的不常见举动视为不道德的。另一项研究表明，如果你坐在一把硬椅子上，你在商业交易里的谈判表现会更强硬；如果坐在软椅子上，你则更愿意妥协。

再举一个例子：内隐自我主义（implicit egotism）的无意识影响力。内隐自我主义的意思是，我们容易被那些映射出自我的东西所吸引。社会心理学家布雷特·佩勒姆（Brett Pelham）和他的研究团队分析了牙科和法学院毕业生的记录，发现名叫 Dennis（丹尼斯）或 Denise（德尼斯）的牙医，以及叫 Laura（劳拉）或 Laurence（劳伦斯）的律师，从统计比例上看明显过多。[①] 他们还发现，roofing companies（铺屋顶公司）的老板，名字首字母为 "R" 的概率较高；而 hardware store（五金店）的老板，名字以 "H" 打头的概率更高。

但我们只在职业选择上会做出类似的决策吗？事实证明，我们的爱情生活也受这类相似之处的影响。心理学家约翰·琼斯（John Jones）和同事们考察了佐治亚州和佛罗里达州的结婚登记记录，发现许多已婚夫妇都有着相同的名字首字母。这就是说，Jenny（珍妮）更容易嫁给 Joel（乔尔），Alex（亚历克斯）更容易与 Amy（艾米）结婚，Donny（多尼）和 Daisy（黛西）结合的比例也较高。这类的无意识效应虽然小，但完全可以验证。

这里的关键点在于：如果你要问这些丹尼斯、劳拉和珍妮里的任何一位，他们为什么选择了自己的职业或伴侣，他们一定会进行一番有意识的叙述。但是这种叙述并不会涉及无意识对他们最重要人生选择的无形影响。

---

① Dennis和Denise跟英语的牙医 "dentist" 词形相近，而Laura和Laurence跟英语的律师 "lawyer" 词形相近。——译者注

The Brain

轻推无意识

　　理查德·塞勒（Richard Thaler）和卡斯·桑斯坦（Cass Sunstein）在《助推》（*Nudge*）一书中提出了一种方法：通过影响大脑的无意识网络，改善"事关健康、财富和幸福的决定"。我们环境里的一下小小的轻推，能够在人意识不到的情况下，让行为和决策变得更好。超市把水果放在与眼睛水平的位置上，能轻推人们做出更健康的食物选择。机场在小便池里贴家蝇的图片，能轻推男士们瞄得更准。企业替员工自动选择加入退休计划（如果员工愿意，可自由退出），能带来更好的储蓄行为。这种监督观点，被称为"软家长作风"。塞勒和桑斯坦认为，轻轻地指点无意识大脑，其影响力远胜于直接的强制执行。

让我们再来看看 1965 年由心理学家埃克哈德·赫斯（Eckhard Hess）设计的一项实验。研究人员要求男性被试看女性面孔的照片，并对其做出判断。按 1～10 评分，这些脸的吸引力有多大？她们是高兴还是难过？是刻薄，还是和气？是友好，还是不友好？但被试们不知道的是，这些照片是动过手脚的。有一半照片里，女性的瞳孔被人为放大了。

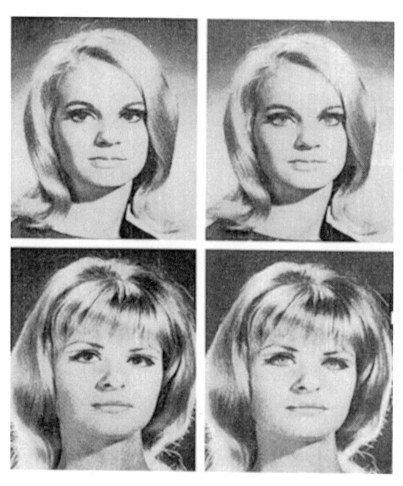

左侧照片中女性的瞳孔被放大处理过。每一名男性被试只看到左右两者中的一张照片。

男性被试判断瞳孔放大的女性更具吸引力。他们并未明确地注意到女性的瞳孔大小，大概也没有一个男性被试知道瞳孔扩大是女性性唤起的生理迹象，但他们的大脑知道。男性在不知不觉中选择了瞳孔放大的女性的照片，认为她们更漂亮、更开心、更亲切、更友善。

真的，爱情常常就是这么一回事。你发现自己更受某些人吸引，可又没法说出这到底是为什么。或许原因是有的，只不过，你无法解释清楚。

在另一项实验中，进化心理学家杰弗里·米勒（Geoffrey Miller）通过记录俱乐部里舞女的收入，量化了女性对男性的性吸引力的高低。他还追踪了这些舞女收入随月经周期的变化。结果，在排卵期（可生育），男性给舞女的小费是月经期（不可生育）的近两倍。但奇怪的是，男人们并没有意识到女性在月经周期中的生理变化，他们并不知道，在女性排卵时，雌激素激增微妙地改变了她们的外观，使她们的五官更对称，皮肤更柔软，腰肢更细。可在意识觉知的雷达之外，他们仍然探测到了这些生育线索。

此类实验揭示了大脑运作的一些基础事实。这一器官的工作是收集来自外部世界的信息，恰当地引导你的行为。你的意识是否参与无关紧要，而且大多数时候意识并不参与。大多数时候，你并不知道大脑替你做出了决策。

意识到底有什么用

那么，为什么我们不是无意识的生命呢？为什么我们并不像没有意识的僵尸一般四处游荡呢？为什么进化要为我们构建一颗有意识的大脑呢？为回答这个问题，请想象自己顺着本地的一条街道行走，心里想着自己的事。突然之间，有什么东西一下抓住了你的视线：你前面的一个人穿着一套巨大的蜜蜂表演服，手里拿着公文包。如果你长时间地观察这个蜜蜂人，你就会注意到瞥见这个人的其他人是怎么反应的：他们跳出了自己的自动化套路，盯着他看。

　　意外之事出现，我们需要想一想接下来怎么办的时候，意识就参与进来了。虽然大脑试图尽量长时间地以自动模式运转，但在一个常常投出非常规的曲线球的世界，这不见得随时能做到。

我们走路的时候，基本上沉浸在自己的精神世界里，我们与街上的陌生人擦肩而过，并不记录有关他们的任何细节。可一旦有事情超出了我们的无意识预期，有意识关注就上线了，它会尝试迅速为正在发生的事情建立模型。

　　但是意识的作用并不只是为应对意外做出反应，意识还发挥着解决大脑内部冲突的关键作用。数十亿个神经元参与各种任务，呼吸、穿过卧室、把吃的送到嘴里，甚至掌握一项运动技能。这些任务里的每一项，都以大脑里庞大的网络机制为支撑。但如果出现冲突会怎么办呢？假设你发现自己正伸手去拿冰激凌，但你又知道吃了自己就会后悔。在这样的情况下，你必须做个决定。这个决定必须对整个生物体最好，也就是要对你最好，要适合你的长期目标才行。只有意识系统才具备这种独特的观点，大脑的其他子系统均不具备。因此，意识能在数十亿互动元素、子系统和内建流程之间扮演仲裁角色。它可以为整个系统拟订计划、设定目标。

我把意识想象成一家大型公司的 CEO，该公司拥有成千上万的分公司和部门，以不同的方式协同、互动、竞争。小公司不需要 CEO，但如果一家组织达到了足够的规模和复杂程度，就需要有 CEO 从上至下地关注日常细节，为公司的长远发展精打细算。尽管 CEO 只接触到公司日常运营的极少数细节，但他总是着眼于公司的长期发展。CEO 就是一个公司最为抽象概括的形象。就大脑而言，数万亿细胞通过意识形成一个统一整体，复杂系统同样通过意识反映出自身整体的模样。

意识的控制力到底有多大

如果意识不能及时切入，我们长久地陷入自动行驶状态，那会是什么样呢？

1987 年 5 月 23 日，在多伦多，23 岁的肯尼斯·帕克斯（Kenneth Parks）在家里看电视时睡着了。当时，他正跟妻子和 5 个月大的女儿住在一起，经济上很困难，婚姻触了礁，他还染上了赌瘾。他计划第二天跟自己的岳父和岳母谈谈自己的问题。他的岳母说他是个"温和的大个子"，他跟岳父母都处得不错。到了晚上的某个时候，他爬起身，驱车 23 千米来到岳父母的住处，殴打了岳父，用刀将岳母捅死。接着，他把车开到最近的警察局，向警官自首说："我想我刚才杀了人。"

帕克斯不记得发生了些什么。在某种程度上，他的意识似乎在这一恐怖事件中缺席了。他的大脑出了什么毛病？他的律师马里斯·爱德华（Marlys Edwardh）组建了一个专家团队来帮忙解开这个谜。他们很快就开始怀疑，事情或许跟帕克斯的睡眠有关系。趁着帕克斯在监狱里，律师叫来睡眠专家罗杰·布劳顿（Roger Broughton）测量他睡眠时整晚的脑电信号。所得记录与梦游患者一致。随着团队更深入的调查，他们发现帕克斯的整个家族都患有睡眠障碍。

所有这一切，可能会让你感到困惑：意识到底有多大的控制力呢？难道说，我们所过的生活，就像提线木偶一样，受一套系统摆布，决定我们接下来做什么？有些人认为的确如此，我们的意识对我们所做的事情没有控制力。

让我们通过一个简单的例子来研究一下这个问题。你开车来到岔路口，可以左转，也可以右转。你没必要非得左转或者右转，但在今天的这一刻，你感觉想要右转。所以，你右转了。但为什么向右转却不向左转呢？因为你感觉就想要右转，还是因为你大脑里某种无法访问的机制替你做出了判断？想想这一点：让手臂转动方向盘的神经信号来自你的运动皮质，但这些信号并不起源于运动皮质。它们受额叶的其他区域驱动，而额叶的这些其他区域又受大脑的另一些区域驱动，以此类推，就这样形成了纵横交错的复杂联系。当你决定做某事时，并没有所谓的"时间零点"，因为大脑里每一个神经元都受其他神经元驱动。系统里没有任何部分是独立行动的；相反，它们互相依赖着产生反应。你右转或左转的决定，是可往前追溯的——几秒钟之前、几分钟之前、几天之前，甚至一辈子。哪怕决定看似出于自发，也并不孤立存在。

那么，当你带着自己一辈子的历史来到岔路口，到底是什么负责做出决定的？相关的思考引向了关于自由意志的深刻问题。如果我们将历史倒转 100 次，你始终都会做同样的事情吗？

人类真的有自由意志吗

我们感觉自己拥有自主权，也就是说，我们自由地做出选择。但某些情况下可以证明这种自主感是虚幻的。哈佛大学的阿尔瓦罗·帕斯夸尔-莱昂内（Alvaro Pascual-Leone）教授曾邀请参与者到自己的实验室做一项简单的实验。

参与者坐在电脑屏幕前，双手朝前伸出。如果屏幕变成红色，他们要在心里选择动哪一只手，但并不真动。接着光线变成黄色，再变成绿色，此时人们才最终举起先前选择要动的那只手。实验人员在这个过程中设计了一个小花招。他们使用经颅磁刺激朝大脑下方区域释放磁脉冲，让这个区域兴奋起来，刺激运动皮质，诱发左手或右手的动作。实验中，亮黄光时，他们发出经颅磁脉冲，而对照组只播放脉冲的声音。

　　经颅磁刺激的干预让参与者变得更倾向于抬起某一只手，比如说，对左侧运动皮质进行刺激，会让参与者更易抬起右手。但有趣的地方是，参与者报告自己确实是想抬起受经颅磁刺激操纵的这只手。换句话说，红灯亮起时，他们内心可能选择的是动左手，但在黄灯期间受了外部刺激，他们产生了自己一直是想要动右手的感觉。尽管经颅磁刺激诱发了参与者的手部运动，不少人却感觉，这是自己自由意志所做的决定。帕斯夸尔－莱昂内指出，参与者经常说，自己本来就打算改变选择的。无论他们的大脑打算选择什么行为，他们都认为这是自己自由选择的。意识很擅长告诉自己："一切都是我自己在控制。"

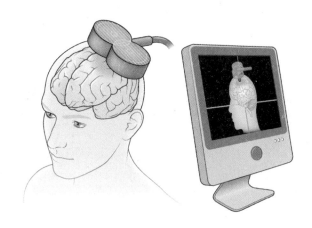

参与者往往会说，决定是自己自主做出的——哪怕这个选择是
实验人员通过刺激他的大脑来控制他做出的。

　　这一类的实验暴露出，我们从直觉上相信自己选择的自主性，这存在着本质上的问题。目前，神经科学并未做出完美的实验，彻底否定自由意志的存在。这是一个复杂的主题，当今科学还太稚嫩，无从彻底解决。但不妨让我们做个假设，如果真的不存在自由意志会是什么样的呢？当你抵达岔路口的时候，你的选择已经预先确定好了。表面上看来，人生的一切都可以预测，似乎让人觉得没有活下去的价值。

好消息是，大脑无比复杂，这意味着，实际上没有什么事情是可以预测的。想象有一口玻璃缸，缸底摆着若干排乒乓球，且每一个乒乓球都搁在捕鼠夹上，蓄势待发。如果你从玻璃缸口往下扔进一个乒乓球，从数学上预测它会落到哪个位置是相对简单的。但一旦球击中了缸底部，就会触发一串不可预测的连锁反应。那个球会触动其他放在捕鼠夹上的乒乓球，这些乒乓球又会再触动其他球，于是情况迅速变得万分复杂了。随着乒乓球彼此碰撞、弹开，又落在其他球上，最初的预测错误不管多么微小，都会被放大。很快就根本不可能对球的落点做出任何预测了。

我们的大脑就像这口装了乒乓球的玻璃缸，但还要复杂得多。你或许可以在缸里放上几百个乒乓球，但你的颅骨里容纳的互动，是缸里的数万亿倍，而且你一生中的每一秒，你脑中的"乒乓球"都不断反弹。从这些数也数不清的能量交换里，你的思想、感情和决策涌现了出来。

捕鼠夹上的乒乓球遵循物理规律。但它们最终将落在哪里，实际上无从预测。同样的道理，你数十亿的大脑细胞及其数万亿个信号，每分每秒都在互动。虽然这是一套物理系统，但我们永远也无法准确预测接下来会发生些什么。

而这仅仅是最初阶段的不可预测性。每一颗大脑，都嵌在一个包含其他很多大脑的世界里。在餐桌边，在报告厅里，在互联网的所到之处，地球上所有人类的神经元彼此影响，创造出一个复杂得让人无法想象的系统。这也意味着，哪怕神经元遵循基本的物理规律，在实践中仍然不可能预测任何一个人接下来要做什么。

由于情况太过复杂，我们的洞察力只能支持我们理解一个简单的事实：我们的生活，在远超自己认识和控制范围的种种力量的操纵之中。

The Brain

第 4 章

抉择:

我怎样做决定

The Brain

- 在挑选薄荷还是柠檬口味的冻酸奶时，你的大脑里发生着怎样的剧烈活动？

- 为什么很多运动员明知道合成类固醇会缩减寿命，还是会"情愿"上当并坚持服用？

- 为什么囚犯在法官享用完午餐并充分休息后获得假释的概率会更高？

做决定时，大脑里发生了什么

手术台上，患者吉姆正在接受脑部手术，以求解决自己手部不受控制地颤抖的问题。神经外科医生将又细又长的、名为"电极"的金属线插入吉姆的大脑。对电极施加小幅电流，以调整吉姆的神经元活动模式，减少他手部的颤抖。

电极制造了一个侦听单个神经元活动的特殊机会。通过名叫"动作电位"（action potential）的尖峰电脉冲，神经元彼此交谈，但这些信号微小得几乎听不见，所以外科医生和研究人员常常要通过扬声器来放大这些微小的电信号。这样一来，一丁点儿微乎其微的电压变化（0.1 伏特，只持续 0.001 秒），也变成了可以听得到的"啵"声！

当电极插入大脑的不同区域后，专业人士受过训练的耳朵可以分辨出这些区域的活动模式。有些区域的声音是"啵！啵！啵！"，另一些区域的声音则是"啵！……啵啵！……啵！"。这就像是你随机地参与世界各地不同地方的对话那样，这些来自不同文化的谈话者从事着相应的不同工作，所以他们进行的对话也非常不同。

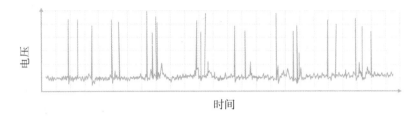

监测仪展示了这些名为"动作电位"的微小尖峰电脉冲。吉姆产生的每一个想法、回想到的每一段记忆、掂量过的每一个选择，都写在这些微小的神秘文字里。

我以研究员的身份旁观手术：同事们在做手术的时候，我的目标则是更好地理解大脑怎样做决定。为此，我请吉姆执行不同的任务，如说、读、看、决定，判断哪些东西跟他神经元的活动相关联。因为大脑没有疼痛受体，所以患者在手术过程中可以保持清醒。我请吉姆看一幅简单的图片，同时进行记录。

你看到图中是个老妇人时，大脑里发生着什么？
当你看到图中是个年轻姑娘时，大脑里又有些
什么变化？

在上图中，你可能看到的是一个戴着帽子的年轻姑娘转头看向别处。现在，试试你能不能发现同一图像的另一种阐释：一位老妇人低头面朝画面左边。这幅图可以用上述两种方式来看（这叫作"感知双稳态"）：画面上的线条符合两种完全不同的阐释。当你看着这幅画时，你得出了一种理解，接着最终又得出了另一种，然后又回到了第一种。重点在于，画面并没有发生实际上的改变——那么，每当吉姆报告说画面转换了，必然是因为他大脑里有什么东西发生了变化。

他看到年轻姑娘或是老妇人的那一瞬间，大脑做出了一个决定。决定不一定是有意识的，在本例中，它是吉姆的视觉系统所做的感知决定，切换的机制完全藏在后台。从理论上讲，大脑应该能同时看到年轻姑娘和老妇人，但实际上，大脑并不这么做。它本能地从模糊状态里做出了选择。最终它又重新做出选择，甚至反复来回切换。但不管怎么说，我们的大脑总是在模棱两可间做出选择。

因此，当吉姆的大脑选定了年轻姑娘（或老妇人）的阐释时，我们可以听到少量神经元的反应。有的神经元活动速度变得更快（啵啵！啵！啵！），而另一些神经元放慢了速度（啵！……啵！……啵！……啵！）。也不见得只有放慢或加快：有时候，神经元的活动模式改变得更微妙，变得跟其他神经元活动同步，或不同步，同时保持原有速率不变。

我们侦听的神经元，本身并不负责感知变化；相反，它们和其他数十亿个神经元协同工作，故此，我们监测到的"改变"只是反映了大脑里一片区域的一种模式变化。当一种模式在吉姆的大脑里战胜了其他模式时，决定就产生了。

你的大脑每天都为你做出成千上万的决定，支配着你在这个世界上的体验。从你穿什么、给谁打电话，到你怎样解释一个无心的评论，是否回复电子邮件，什么时候离开，大脑指示着我们的每一个行动和想法背后的所有决定。"你是谁"从遍布你整个大脑的一场场争夺统治权的战斗中浮现出来，而这一场场的战斗，在你人生的每一刻都不曾消停。

倾听吉姆的神经活动，"啵！啵！啵！"，你无法不感到敬畏。毕竟，人类历史上的每一个决定，听起来就是这样的声音——每一次求婚、每一场宣战、每一次想象力的飞跃、每一项探索未知的使命、每一个善意之举、每一个谎言、每一次令人狂喜的突破，还有每一个决定性瞬间。所有的一切都发生在这黑洞洞的颅骨当中，从生物细胞网络的活动模式里浮现。

电车困境：理智和情绪，大脑听谁的

让我们来仔细看一看，做决定时幕后发生了些什么。想象你站在一家冻酸奶店柜台前，要做个简单的选择——从你同样喜欢的两种口味（比如薄荷口味和柠檬口味）里选出一种来。从表面看，你似乎并没有费什么工夫：无非是站在原地不动，在两种口味的酸奶间来回看。但在你的大脑里面，这样一个简单的选择掀起了狂风暴雨般的剧烈活动。

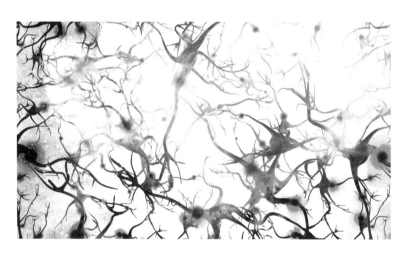

神经元群相互竞争，如同不同政党争夺统治地位。

一个神经元本身并不能造成什么有意义的影响，但每个神经元跟其他成千上万个神经元连接在一起，而这些神经元又跟其他成千上万个神经元连接在一起，如此这般形成了一张错综复杂、彼此交织的庞大网络，它们都能释放出让彼此兴奋或抑制彼此的化学物质。

在这张网里，一簇特定的神经元代表薄荷。这一簇神经元互相之间都能让彼此兴奋起来，由此构成了相应的模式。它们不见得紧挨在一起；相反，它们可能跨越大脑不同的区域，比如参与嗅觉、味觉、视觉功能的脑区，以及涉及你与薄荷相关的独特记忆的脑区。每个神经元，本身跟薄荷没有多大的关系，事实上，每个神经元都要在不同时间、在各个不断变化的群集里扮演诸多角色。但当这些神经元在这一特定的安排之下全部活跃起来，这就是你大脑里的"薄荷"。当你站在各种口味的酸奶跟前，这一神经元联盟热切地彼此沟通，就像许多分散的人同时联网上线一样。

这些神经元并不单独参与"竞选"活动。与此同时，另一种可能性，即柠檬，也有代表自己的神经元政党。薄荷与柠檬两个联盟都试图加强自己的活动，抑制对方的活动，以占据优势。它们缠斗不休，直到一方从竞争中胜出。获胜的网络决定了你接下来所做的事情。

和计算机不同，大脑可以在若干个冲突的可能性中运行，这些可能性全都争抢着想要胜出。选择总是有许多个。就算你已经从薄荷和柠檬口味里做出了选择，你也会发现又出现了一个新的冲突：你应该把这一份酸奶全都吃掉吗？一部分的你想要获得这美味的能量，与此同时另一部分的你知道它含糖量高，你要去慢跑才能消耗它。你是不是该把整份酸奶都吃掉，只是连绵不绝的众多内斗中的一场而已。

大脑里的冲突持续不断，带来的结果是：我们可以自己跟自己争论、自己咒骂自己、自己哄骗自己。但到底是谁在跟谁说话呢？全都是你，只不过是你的不同部分罢了。

The Brain

割裂脑揭示了大脑内部的冲突

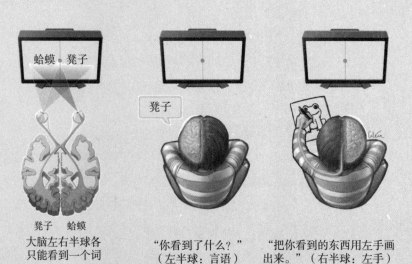

大脑左右半球各
只能看到一个词

"你看到了什么？"
（左半球：言语）

"把你看到的东西用左手画
出来。"（右半球：左手）

来自视野左半侧的信息进入右脑，来自视野右半侧的信息进入左脑。这样一来，如果一个闪烁的文字横在中线，对接受过裂脑手术的患者来说，每个独立的脑半球只能看到半个字。

　　在特殊情况下，很容易看到大脑不同部位的内部冲突。一部分患者接受过裂脑手术治疗某种癫痫，该手术切断了大脑左右半球的连接。正常情况下，两个脑半球通过名叫胼胝体的神经高速公路连接，好让左右脑协调一致地工作。如果你感到寒冷，你的双手就会配合：一只手抓住上衣下摆，另一只手则把拉链拉上。

　　但切断胼胝体之后，有可能出现一种令人困扰的突出临床症状：异己手综合征（Alien Hand Syndrome）。两只手可以根据完全不同的意图行事：患者用一只手拉上外衣拉链，另一只手（"异"手）却突然抓住拉链，并把它扯开。或者患者伸出一只手去拿饼干，另一只手却突然动起来拍打这只手，让它拿不着。两个半球的独立行动，揭示出大脑正常的运行冲突。

　　接受手术若干个星期后，大脑的两个半球利用残余的连接重新开始协调，异己手综合征的症状通常会减弱。但异己手综合征清楚地表明，哪怕我们认为自己的意识信念是统一的，我们的行为也是黑洞洞的头盖骨里此起彼伏的一场又一场大规模战役的产物。

简单的任务可以让内部冲突更加明显。请说出下面文字的印刷颜色（扫码看图）：

紫 黄 红

黑 红 绿

红 黄 橙

蓝 紫 黑

红 绿 橙

扫码获取本书
所有高清彩图

很难，对不对？指令这么简单，这个任务怎么会这么难呢？这是因为，大脑里的一套网络着手解决的任务是分辨文字颜色，并说出来。与此同时，你大脑里参与竞争的另一网络负责阅读文字，而阅读文字早就成了一个根深蒂固的自动过程，大脑的运行非常流畅。你可以感受这两个系统彼此角力的挣扎，为了得出正确的答案，你必须主动抑制阅读文字的强烈冲动，专注于文字的颜色。你直接就能体验到两者的冲突。

为梳理出大脑里部分主要的竞争系统，请来考虑一个名为"电车困境"的思想实验。一辆有轨电车失去控制，沿着轨道直冲向前。四名工人正在前方轨道上的不远处修理施工，你是旁观者，你很快意识到，他们很快就会因为失控的电车而丧命。接着，你注意到身边有根控制杆，能让电车转向另一条轨道。可是，且慢！你发现另一条轨道上也有一名工人。所以，如果你拉动控制杆，会死一名工人；如果不拉，会死四名工人。你会拉动控制杆吗？

现在再来考虑第二个稍微不同的场景。这种情况始于相同的前提：一辆有轨电车失去控制，沿轨道直冲向前，即将害死四名工人。但这一次你站在俯瞰轨道的一座水塔高台上，你发现自己跟前站着一个大个子男人，正凝望着远方。你意识到，如果你把他推下去，他会恰好落在轨道上——他的体重足够拦住电车，救下四名工人。你会把他推下去吗？

电车困境（场景一）：如果你问人们这种情况下会怎么做，几乎所有人都会说，拉动控制杆。毕竟，只死一个人比死四个人更好，不是吗？

电车困境（场景二）：此时几乎没有人愿意把人推下去。为什么呢？人们给出的答案是"那就是谋杀了"或者"这是不对的"。

可是等一等，难道两种情况下你要考虑的不是一回事吗？不都是用一条命换四条命吗？为什么第二个场景里人们给出的结果有这么大的不同？伦理学家从许多角度探讨过这个问题，但神经成像已经能够给出一个相当直白的答案。对大脑来说，第一个场景只是一道数学题。困境激活的是参与解决逻辑问题的区域。

在第二个场景下，你必须跟水塔上的男子进行身体接触，把他推下去害死这个人。这令另外一些网络参与到决策中来：与情绪相关的脑区。

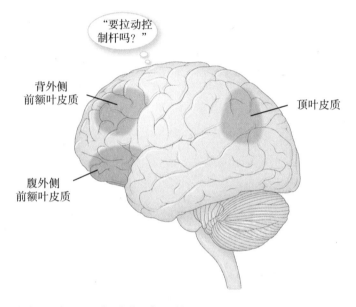

大脑以上这几个区域更多的是参与到解决逻辑问题当中。

在第二个场景下，两套系统有着不同的意见，我们陷入了它们的冲突当中。理性网络告诉我们，死一个好过死四个，但是情绪网络则触发了一种本能感觉——谋害别人是错误的。互相矛盾的内在驱动让你左右为难，由此带来的结果是，你的决定很可能完全有别于第一个场景。

电车困境清晰地揭示了现实世界中的情况。让我们来想一想现代战争，它变得越来越像是拉动控制杆，而不是把人从水塔上推下去。一个人按下按钮发动远程导弹，这个行为仅仅激活了参与解决逻辑问题的网络。操作无人机变得就像是玩电子游戏，网络攻击在遥远的地方就能给对手造成重大伤害。此时是理性网络在发挥作用，而情绪网络不一定参与。远距离作战的这种较少情绪参与的性质减少了人脑的内在矛盾，让人更容易下手。

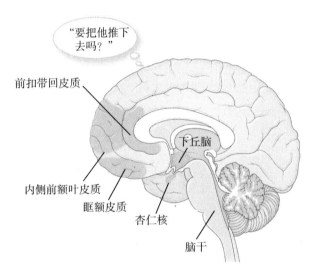

在思考要不要把一个无辜的人推下去害死他的时候，与情绪相关的网络更多地参与到了决策中来，也由此翻转了结果。

一位权威人士认为，发射核导弹的按钮应该植入总统最好朋友的胸膛里。这样，如果总统决定发射核武器，他就得对朋友下狠手，撕开对方的胸膛才行。这一设想能让情绪网络参与到决策之中。在做生死攸关的决定时，不受约束的理性非常危险；而在大脑议会中，我们的情绪是非常强大且很有洞见的选民，不能大意地将情绪从大脑议会中驱逐。如果人人做起事来都像机器人，这个世界可不会变得更好。

虽然神经科学是一门新学科，可这种对于决策中的逻辑和情绪的直觉却有着悠久的历史。古希腊人认为，我们应该把生活想象成是战车。我们是战车的驾驭者，要同时驾驭两匹战马：理性的白马和激情的黑马。两匹马朝着相反的方向往外拉。你的任务是把它们控制好，让它们顺着道路中央驰骋。

事实上，我们可以采用典型的神经科学的方式来解释情绪的重要性。让我们来看一看，如果人做决定时丧失了运用情绪的能力，那会发生些什么。

我们为什么会出现选择障碍

情绪不光能为生活带来丰富的色彩，在我们每时每刻判断接下来要做些什么的时候，也是情绪在幕后秘密地发挥着作用。塔米·迈尔斯（Tammy Myers）的状况对此做了阐释。塔米从前是位工程师，骑摩托车时出了车祸。她的眶额皮质受到了损伤。这个脑区位于眼窝的正上方，是整合身体信号的关键，这些信号告诉大脑其他区域，她的身体正处在什么样的状态，是饥饿、紧张、兴奋、尴尬、口渴，还是快乐。

塔米看起来并不像是个受了创伤性脑损伤的人。但只要你跟她待上哪怕短短 5 分钟，你也会察觉到她的日常决策能力有问题。她可以描述出眼前某个选择的所有优缺点，但哪怕是最简单的事情她也犹犹豫豫，拿不定主意。因为她再也不能解读身体的情绪概况，做决定对她来说困难得出奇。现在，这样那样的选择都变得没有区别了。拿不定主意也就做不成事：塔米报告说，她常常整天赖在沙发上。

塔米的大脑损伤揭示了有关决策的一些关键信息。人很容易认为大脑是自上而下地指挥身体的，但实际上，大脑在不断收到来自身体的反馈。来自身体的生理信号快速地总结了正在发生着什么、要采取什么样的措施。要做出一个选择，身体和大脑必须密切沟通。

想想这样的情况：你想把送错了的包裹还到隔壁邻居家。可你一走近他们的院门，他家的狗就汪汪大叫，朝你龇牙。你还会打开院门，继续朝前走吗？狗咬人的统计数据并不是你做决定的关键因素；相反，狗的威胁姿态触发了你身体上的一整套生理反应。你的心跳加快，肠胃收紧，肌肉紧绷，瞳孔张开，血液里激素发生变化，汗腺张开，等等。这些反应是自动的，无意识的。

此刻，你站在邻居的大门外，手按着大门的门闩，有许多外部细节可供评估，比如狗的项圈颜色，但你的大脑真正需要知道的是，你到底是想去对付那只狗，还是另外想办法还包裹。你的身体状态可以帮助你完成这一任务，它可以对局面进行概述。你可以把自己的生理信号视为一个概括性的标题："这可不妙"或者"这没问题"，由此帮助你的大脑决定接下来做什么。

我们每天都在像这样解读自己的身体状态。大多数情况下，生理信号更为细微，所以我们经常意识不到它们的存在。然而，这些信号是指引我们做出决策的关键。比如说，你置身超市：这样的地方会让优柔寡断的塔米彻底崩溃。选哪一种苹果？哪一种面包？哪一种冰激凌？购物者要做出成千上万个选择，最终的结果是：我们一辈子总共要花几百个小时站在货架跟前，试图让自己的神经网络选择这个，放弃那个。虽说我们一般意识不到，但身体在帮助我们穿越这一令人困惑不安的复杂环境。

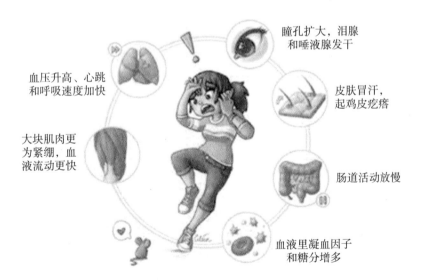

瞳孔扩大，泪腺和唾液腺发干

血压升高、心跳和呼吸速度加快

皮肤冒汗，起鸡皮疙瘩

大块肌肉更为紧绷，血液流动更快

肠道活动放慢

血液里凝血因子和糖分增多

大多数情境里都包含了太多细节，无法单纯依靠逻辑做出决定。为引导这一过程，我们需要精简的概况："我在这里很安全"或者"我现在危险了"。身体的生理状况与大脑进行着恒定的双向对话。

　　就说选择购买哪一种汤料好了。你需要应对的数据太多了：卡路里、价格、盐含量、口感和包装等。如果你是个机器人，又没有明显的方式权衡哪些细节更为重要，你会在这里卡上一整天来做决定。要选定一个选项，你需要某种形式的概要信息，而身体反馈恰好能给你。想一想兜里的钱，你或许会手心冒汗；或者，想起上一回吃的鸡汤面，你或许流出了口水；再或者，注意到另一种汤里有太多的奶油，你的肠子会绞痛。你模拟了喝一种汤的体验，接着再模拟另一种。你的身体体验帮助大脑迅速对汤料 A 评估好了一种价值，对汤料 B 评估出了另一种价值，接着你可以看看权衡两者的天平朝着哪个方向偏。你不光提取了汤罐头标签上的数据，你还亲身感受到了数据。这些情绪信号比面对一只狂吠的狗时更为微妙，但道理是一样的：每一种选择都有相应的身体反应作为记号。这可以帮助你做出决定。

　　先前，在选择是喝薄荷口味还是柠檬口味的冻酸奶时，我告诉过你，不同的大脑网络正在打仗。身体的生理状态是判定局势的关键。塔米因为大脑受损，不能把身体信号整合到个人决策当中。于是，她没办法迅速地比较不同选项的整体价值，不能排出数十个细节的优先顺序，哪怕这些细节她都能清晰地描述。所以塔米总是蜷缩在沙发里，她眼前没有任何一个选择有着特别的情绪价值。她没办法判断哪一套大脑网络从选举之战中胜出了。在她的神经议会里，辩论始终处于僵局。

　　因为意识的覆盖范围窄，对能触发决策的身体信号，你一般并不拥有完全的访问权限，你身体的大多数行动都发生在意识层面之下。尽管如此，这些信号对你的自我判断有着极为深远的影响。举个例子，神经学家里德·蒙塔古（Read Montague）发现人的政治立场和情绪反应特征之间存在联系。他让参与者进入大脑扫描仪，向他们展示一系列唤起厌恶反应的图片——粪便、尸体、爬满虫子的食物等图片，来测量他们的反应。等参与者从扫描仪里出来，研究人员询问他们是否愿意再参与另一项实验时，如果他们回答"愿意"，他们会用 10 分钟时间完成一份政治意识形态调查。问题包括参与者对枪支管制、堕胎、婚前性行为等的感觉。蒙塔古发现，参与者越是因为图片产生厌恶情绪，在政治上就有可能越保守。厌恶情绪不强烈，则偏向自由派。结果显示，两者的相关性很强：通过人对厌恶图片的反应，预测政治意识形态调查得分的准确率可达 95%。政治立场来自精神和身体的交汇之处。

人类为什么要预测未来

每个决定都涉及我们过去的经历（存储在我们的身体状态当中）和当前的情况（我有足够的钱买 X 而非 Y 吗？还有没有 Z 选项？），但决策的故事还有另外一个部分：对未来的预测。

放眼整个动物王国，每一种生物都内置了寻求奖励的机制。什么是奖励？从本质上讲，就是能让身体更接近理想状态的东西。身体脱水时，水就是奖励；能量储备快用光时，食物就是奖励。水和食物叫作一级奖励（primary rewards），直接解决生理需求。然而，人类行为更多地受二级奖励（secondary rewards）控制，它们是预示一级奖励的东西。举个例子，看到一个金属箱子本身对大脑没什么作用，但如果你已经学会分辨出那是一个水箱，那么当你口渴的时候看到它就变成奖励了。就人类而言，我们甚至会把一些极为抽象的概念视为奖励，比如政治意识形态，或是受当地社群重视的感觉。和动物不同的地方是，我们往往把这些奖励放在生理需求之前。一如蒙塔古所说的"鲨鱼不会绝食抗议"，动物王国里的其他生物只寻求满足基本需求，只有人类经常为了抽象的理想压抑自己的基本需求。所以，面对一系列可能出现的情况时，我们会整合内外数据，试图实现奖励的最大化，然而怎样算是奖励最大化，是每个人自己定义的。

奖励的挑战性在于，不管是基本的还是抽象的奖励，它们一般并不会立刻结出果实来。我们所做的决定，几乎总是在完成了所选行动之后才会带来回报。人们到学校上学，苦读多年，因为他们重视将来能获得的学历；人们在自己不喜欢的工作岗位上辛苦耕耘多年，因为他们希望将来得到晋升；人们逼着自己进行痛苦的锻炼，因为他们怀着保持身材的目标。

比较不同选项，意味着给每一个选项的预期奖励赋予一个价值，每个选项的价值以统一的货币单位衡量，接着选择价值最高的那一个。想想这种情况：我有一点空闲时间，我决定做点什么。我需要去买些家用杂货，但我也想去咖啡店，或赶在最后期限之前为自己的实验室撰写补助申请。我还想花时间跟儿子到公园里玩一会儿。我怎样在这三个选项里做出决断呢？

如果我能够把每一个都试试，直接体验这些选项，接着让时间倒退回去，根据最佳结果确定道路，那当然就容易了。唉，只可惜，我不能进行时间旅行。

但说不定，我可以呢？

在电影《回到未来》里，人类每天都在进行时间旅行。

人类的大脑其实一直在孜孜不倦地进行时间旅行。当需要做决定时，大脑模拟出不同的结果，为我们的未来生成可能的模型。从精神上说，我们可以脱离此时此刻，驶向一个尚不存在的未来世界。

好了，在脑海里模拟出一个场景仅仅是第一步。为在这些想象出来的场景里做出选择，我要估计出上述每一种潜在未来会带来什么样的奖励。当我模拟用杂货填满储藏室后，我感觉如释重负：一切井井有条、避免了不确定性。实验室补助带来的是一种不同类型的奖励：它不光为实验室带来了金钱这个一级奖励，还让我得到了系主任的赞赏，让我对自己的职业产生了成就感。想象自己和儿子在公园玩耍，激发了快乐情绪，带来的奖励是家人的亲密。我的最终选择，取决于奖励系统用统一货币对每种未来分配了多少价值。做出选择很不容易，因为这些价值之间的差别非常微妙：购买杂货伴随着乏味感，撰写补助申请伴随着挫折感，带儿子去公园又有一种没做完正事的愧疚感。在意识的雷达范围外，我的大脑逐一模拟着所有选项，并对其进行直觉校验。我的决定就是这样做出来的。

我怎样准确模拟这些未来呢？我怎样才能预测出顺着这些路径走下去实际上会是什么样呢？答案是，我不能：我完全无法知道自己的预测是否准确。我所有的模拟仅仅是根据过去的经验，以及我当前对世界如何运行的认识模型做出来的。和动物王国里所有的动物一样，我们不能随意溜达，指望凑巧发现什么事情能在将来带回奖励，什么事情不能。相反，大脑的关键任务就是预测。要想把这一任务完成好，我们就需要从自己的每一段经历中不断学习。故此，在本例中，我基于自己过去的经验，为每一选项分配了价值。我们运用自己脑海里的好莱坞电影工作室，时间旅行到想象中的未来，看看它们价值几何。我就是这样对比可能的未来，做出选择的。我就是这样把互相冲突的选项转换成未来奖励这一统一货币的。

把我对每一选项所预测的奖励价值想成一种内部评估，评价出某事的益处有多大。采购杂货能为我供应食物，就说它价值 10 个奖励单位。撰写补助申请很难，但对我的事业发展大有好处，所以它价值 25 个奖励单位。我喜欢花时间陪伴儿子，所以带着他去公园价值 50 个奖励单位。

但这里有一个有趣的转折：世界很复杂，所以我们的内部评估从来不会用永久性墨水书写。你对身边一切的估值随时可变，因为在很多时候，我们的预测跟实际发生的情况并不吻合。有效学习的关键在于追踪这一预测失误，即选择的预期结果和实际结果之间存在的差距。

用我今天的例子来说，我的大脑对带孩子去公园的回报奖励做了预测。如果我们在公园里碰到了朋友，度过了一个比想象中还要好的下午，那么，下一次我再做此类决定时，大脑就会提高对它的评价。反过来说，如果公园里的秋千坏了，天还下了雨，我下一次的评价就会变低。

这是怎么运作的呢？为不断更新你对世界的评估，大脑里有一套又小又古老的系统。这套系统由中脑里的微小细胞群构成，它们所用的语言是神经递质多巴胺。

当你的期待和现实失调，脑中多巴胺系统就会释放一种信号，以重新评估价值。该信号告诉系统的其余部分，情况是比预期好还是糟，比预期好时多巴胺会激增，比预期糟时多巴胺会减少。预测误差的信号令大脑其余部分调整预期，努力在下一次更贴近现实。多巴胺充当了失误校正机制，它是始终运转着的化学评估员，随时更新你的评价。通过这种方式，你可以根据自己优化过的对未来的猜测，把自己的决定排出优先顺序来。

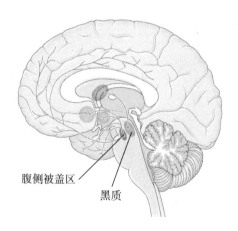

腹侧被盖区

黑质

参与决策、释放多巴胺的神经元集中在大脑名为
"腹侧被盖区"和"黑质"的两个小区域。尽管
体积小，但它们却有着广泛的影响力，当对某个
选择的预测值过高或过低时，它会广播更新。

从根本上说，大脑关注的是意外结果，这种敏感性是动物适应和学习能力的核心。因此，参与从经验中学习的活动的大脑结构，普遍存在于从蜜蜂到人类的各个物种中，这种现象不足为奇。这表明，大脑很久以前就发现了从奖励中学习的基本原则。

为什么我们有时"情愿"上当

我们已经看到怎样为不同的选项分配估值，但在通往良好决策的路上，常常被挖了坑：呈现在眼前的选项大多比模拟出来的价值更高。妨碍对未来做出良好决策的是"此刻"。

2008 年，美国经济大幅下滑。问题的症结在于一个简单的事实：许多房主过度借贷了。他们拿到了在几年期限内利率极低的贷款。可一旦低息年限过去后，利率上调，问题就出现了。在较高的利率下，许多房主发现自己是还不起钱的。接近 100 万户家庭丧失了抵押品赎回权，这冲击了全球经济。

这场经济灾难，跟大脑里互相竞争的网络存在什么关系呢？这些次级贷款让人们"此刻"就得到了一套不错的房子，把高利息推迟到了以后。于是，此类提议完美地打动了渴望即时满足的神经网络，也就是那些现在就想得到东西的网络。即时满足在我们做决策时诱惑力太强了，从这个角度理解，房地产泡沫不光是一种经济现象，也是一种神经现象。

当然，"此刻"的诱惑力不光涉及贷款的人们，还关系到靠着向还不起钱的人发放贷款而在"此刻"发家致富的放贷人。他们把贷款重新打包，卖了出去。这种做法不道德，但事实证明，它诱惑了成千上万的人。

这场"此刻"与"将来"的对战并不仅仅发生在房地产泡沫中，也遍及我们生活的方方面面。这就是为什么汽车经销商想要你现在就坐进汽车来一番试驾，为什么服装店店员想要你现在就试穿看看，为什么商人想要你现在就摸一摸他们的商品。此时此地就体验到了某样东西，你的心理模拟一下就受不了了。

对大脑来说，将来永远只是"此刻"的一道暗淡无力的影子。"此刻"的力量解释了人们为什么会做出此刻感觉良好、未来后果糟糕的决定的原因：明知道自己不该喝酒，还是来了一杯；运动员明知道合成类固醇会缩减寿命，却还是服用了；已婚人士明知道不该出轨，却还是经不起诱惑。

那么，面对"此刻"的诱惑，我们能做些什么呢？多亏了大脑中存在彼此竞争的系统，我们有办法。想想看：我们都知道，有些事情就是很难做到，比如坚持去健身房。我们希望保持身材，可到了该锻炼的时候，眼前往往有着看起来更令人愉快的事情。我们正在做的事情，有着比"将来身材好"这一抽象概念更强的诱惑力。所以这里有个解决办法：为了保证你能抵达目的地，不妨从一个生活在 3 000 年前的人身上汲取灵感。

尤利西斯合约：未雨绸缪真的有用吗

此人面对的是比健身房更为极端的场景。他有自己想做的事，但他也知道等时候到了，自己将无法抵挡诱惑。他想要的不是更健美的体魄，而是从一群能魅惑人心的姑娘手里保住自己的性命。

传说中的英雄尤利西斯，在特洛伊战争中凯旋。在漫长的回家之路上，他意识到，自己的船很快就会经过一座居住着美丽海妖的岛屿。那些海妖叫作塞壬，她们有着曼妙的歌声，能让水手们着魔。问题是，水手们发现，这些女妖是无法抵挡的，会把他们的船引到暗礁上，让他们葬身海底。

尤利西斯不顾一切地想听到传说中的歌声，但并不想害死自己和船员。于是，他想出了一个计划。他知道，听到歌声的时候，自己将无法抗拒地朝着岛屿的暗礁转舵。

尤利西斯此刻的理性没问题，但将来会出问题：一听到塞壬的歌声，他就会失去理智。所以尤利西斯命令部下，把自己捆到船的桅杆上。所有的水手则用蜂蜡堵住耳朵，以免听到塞壬的歌声，同时，不管绑在桅杆上的尤利西斯怎么请求、咆哮，他们都按照事前的严格命令前进。

尤利西斯知道将来的自己没有能力做出正确的决定。所以，理智的尤利西斯提前把事情安排好，让自己没法做错误的选择。当前和将来的自己之间所做的此类交易，就叫作"尤利西斯合约"。

以去健身房为例，我可以做这样一个简单的尤利西斯合约式的安排：我提前约朋友到健身房来见我，于是，坚守社会契约的压力就把我捆在了桅杆上。如果你理解了这一点，会发现身边到处存在尤利西斯合约的身影。有些大学生会在期末考试周互相交换社交网站账号的登录密码：他们把对方的密码改掉，这样两人都无法登录，直到考试结束。戒酒计划的第一步是把酒鬼家里的酒全部拿走，这样，等他们意志力薄弱的时候，眼前就没有诱惑了。有些体重超标的人会做手术减少胃容积，好让自己在生理上就没法吃太多。尤利西斯合约还有另一种"变体"：如果违背自己的诺言，就要捐款给一个与自己的价值观完全相悖的组织。比方说，一位一辈子争取平等权利的女士给美国种族主义的代表性组织开了一张巨额支票，她把支票交给朋友，事先约定：要是自己再抽烟，就把支票寄出去。

在上述事例当中，当事人现在就把事情安排好，让将来的自己不能胡作非为。把自己绑在桅杆上，我们就可以绕过"此刻"的诱惑。这个窍门，能让我们的行为更符合内心对自己的期许。尤利西斯合约的关键在于，要意识到自己在不同的背景环境中会变成不同的人。要做出更好的决策，不光要了解自己，更要了解所有的自己。

自我损耗：囚犯在法官饭后获假释的概率更高吗

了解自己仅仅是战斗的一部分，你还必须知道，战斗的结果不会每次都一样。就算没有尤利西斯合约，有时你也会更热衷于去健身房，有时则没那么强的动力。有时候，你做出良好决策的能力更强，而有些时候，你的神经议会把票投给你事后会后悔的选项。为什么会这样呢？这是因为，结果取决于你身体状态中许多不断变化的因素，而你的身体状态每时每刻都在发生变化。举个例子：假释委员会要面试两个在监狱服刑的人。一名囚犯是在上午 11 点 27 分接受假释委员会的聆讯，他所犯的罪行是诈骗，刑期为 30 个月。另一名犯人则在下午 1 点 15 分接受聆讯，他犯的罪行也是诈骗，刑期也是 30 个月。

第一名犯人的假释申请被拒绝了，第二名犯人却得到了假释。为什么会这样？是什么因素影响了决定？种族？样貌？年龄？

2011 年的一项研究分析了来自法官们的 1 000 次裁定，发现上述因素均和最终决定无关。主要原因是饿。假释委员会的成员刚享用了午餐休息之后，犯人得到假释的概率就升到了 65% 的最高点。但靠近聆讯时间的尾声，犯人的假释获准概率最低：只有 20% 的人能得到对自己有利的结果。

换句话说，随着其他需求的重要性提高，决定被重新做了优先排序。估值随着环境发生了变化。囚犯的命运不可避免地跟法官的神经网络交织在一起，而神经网络又是按照生理需求运作的。

一些心理学家把这种效应称为"自我损耗"（ego-depletion），意思是说，参与执行功能和规划的高层认知区域（如前额叶皮质）是会疲倦的。意志力是一种有限的资源；就像一箱油一样，它越用越少。就法官而言，他们要裁断的案件越多（有时开庭一次要裁断 35 桩案件），大脑消耗的能量也越多。但吃了一块三明治、一份水果之后，他们的精力储备重新加了油，其他动机在决策过程中拥有了更强的力量。

传统上，我们认为人是理性的决策者：吸收信息，处理信息，找出最佳答案或解决方案。但真正的人并不是这样。就连力争摆脱偏见的法官，也受制于自己的生理因素。

在和爱侣的互动中，我们的决定同样受到影响。以一夫一妻制为例，这似乎是一个涉及文化、价值观和道德的决定。但另一种更深层的力量同样影响着人的决定：激素。有一种名叫催产素的激素，是两性结合的关键因素。在最近的一项研究中，研究人员给正和女伴处于恋爱关系的男性注射了小剂量催产素。然后，研究人员要他们评估不同女性的吸引力。在额外催产素的作用下，这些男性发现更具吸引力的是自己的伴侣，而非其他女性。实际上，他们甚至还跟研究中一位漂亮的女研究员保持较远的距离。催产素增强了他们与伴侣之间的结合。

为什么会有催产素这样的化学物质指引我们走向结合？毕竟，从进化的角度看，如果男性的生物使命是尽量广泛地散播自己的基因，我们大概会认为男性不希望采用一夫一妻制。但从孩子生存的角度看，父母双全好过只有一个家长。这个简单的事实太重要了，所以大脑专门设定了无形的机制来影响你这方面的决定。

为什么人有时候会明知故犯

更好地理解决策过程为制定更好的社会政策打开了大门。例如，每个人都在以自己的方式努力控制冲动。在极端情况下，我们有可能变成冲动的奴隶，只想着立刻宣泄它。从这个角度来看，我们可以更细致入微地理解"反毒品战争"这类社会项目。

吸毒成瘾是一种社会痼疾，它会带来犯罪，削弱生产力，导致精神问题，传播疾病。近些年来，它还令监狱人口激增。近七成的罪犯达到了药物滥用或药物依赖的标准。有研究称，35.6%已定罪的犯人在犯罪时受到毒品的影响。滥用毒品导致的犯罪行为，让美国社会付出了数百亿美元的代价。

The Brain

意志力是一种有限的资源

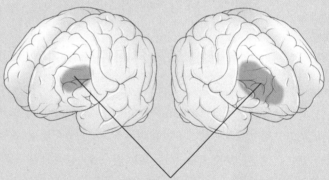

背外侧前额叶皮质

节食者选择眼前的健康食物，或是人们选择放弃此刻的小奖励，谋求将
来更好的结果时，背外侧前额叶皮质就被激活了。

　　我们会花费大量精力哄自己去做一些应该做的决定。为了保持品行端正，我们常常要借助意志力，靠着这一内在力量，我们没有吃小点心（或至少是第二块小点心），或者在很想出门晒太阳的时候，仍坚持为最后期限赶工。我们都知道自己的意志力快用光的时候是什么感觉：经过了漫长一天的辛苦工作，人们往往发现自己做着糟糕的选择，比如吃一顿过分丰盛的大餐，或者是一头栽进沙发看起了电视，而不是继续赶工作。

　　于是心理学家罗伊·鲍迈斯特（Roy Baumeister）和同事们对意志力做了一次更仔细的检验。他们请人来看一部悲情电影，告诉一半的观众按正常情况做出反应即可，告诉另一半的观众压抑自己的情绪。看完电影后，鲍迈斯特和同事给每名观众发了一个握力器，让他们尽可能久地使劲握住它。压抑自己情绪的观众放弃得更快。为什么呢？由于自我控制需要能量，在前一件事上消耗了能量，在下一件需要做的事上就没有那么多能量可用了。所以抵制诱惑、做出艰难决定、主动采取措施似乎都在从同一口能量井里汲取能量。因此，意志力不是能锻炼出来的东西，而是我们不停消耗的东西。

大多数国家解决毒品成瘾问题的方式是，将它定为刑事犯罪。几十年前，全美有38 000人因为与毒品相关的罪行入狱。而今天，这个数字达到了50万人。表面上看，这像是"反毒品战争"取得了胜利，然而，大规模监禁并未让毒品交易减少。这是因为，关进监狱的人大多并不是贩毒集团的首领或者黑帮的头目及大规模毒品贩子；相反，这些犯人只因为拥有少量毒品（大多少于2克）而被扔进了牢房。他们只是吸毒者、瘾君子。进监狱并未解决他们的问题，一般还会使问题恶化。

美国因毒品犯罪入狱的人比欧盟更多。麻烦的是，监禁触发了"复吸－再次入狱"这一代价沉重的恶性循环。它破坏了人们原有的社交圈和就业机会，把容易助长其毒瘾的新社交圈和就业机会塞给了他们。

每年，美国在"反毒品战争"上要用掉200亿美元；在全球范围内，这一数字超过1 000亿美元。但如此大手笔的投资并未奏效。自从战争开始，毒品问题反而愈演愈烈。为什么投资未能奏效呢？毒品供应就像是一个水球：你把一个漏水的孔堵住，水却从另一个孔冒出来。更好的解决办法不是从供给端下手，而是解决需求。而对毒品的需求来自瘾君子的大脑。

有人认为，吸毒来自贫困和同辈压力。这两者的确扮演了一定的角色，但问题的核心来自大脑的生物特性。在实验中，老鼠会主动服药，放弃食物和饮水，不断地压下药物投送杆。老鼠这么做不是因为经济或社会压力，而是因为药物侵入了它们大脑里基本的奖励回路。这些药物有效地告诉大脑，决定去服药会比做其他任何事都更美妙。其他大脑网络有可能也参与这场战斗，它们代表抵抗毒品的所有原因。但就瘾君子而言，渴求网络最终胜出。大多数吸毒者都想戒毒，可就是戒不了。他们最终成了个人冲动的奴隶。

既然毒品上瘾问题出在大脑，那么说解决办法也来自大脑，就很合理了。一种方法是调整冲动控制的平衡。成功措施之一是，让瘾君子知道再吸毒一定会迅速遭受惩罚，比如，要求瘾君子每星期接受两次药物测试，只要通不过测试就立即自动加刑。这样，惩罚就不再只是遥远的抽象概念。同样，一些经济学家提出，20世纪90年代初，美国犯罪率下降的部分原因在于街道上警力增强。用大脑的语言说，就是看见警察，刺激了罪犯大脑权衡长期后果的网络。

在我的实验室，我们尝试了另一种很有潜力的有效方法。我们借助脑成像提供实时反馈，让可卡因瘾君子看到自己的大脑活动，并学习怎样控制它。

凯伦是实验的参与者之一。她开朗、聪明，虽然已经 50 岁了，却还充满青春的能量。她可卡因上瘾 20 多年，她说，可卡因毁了自己的生活。如果她看到面前摆着可卡因，就觉得自己别无选择只能抽上一顿。我们把凯伦放入功能性磁共振成像仪中，给她看可卡因的照片，让她产生渴望。这对她来说很轻松，可卡因照片激活了她大脑里的特定区域，我们将之概括为"渴求网络"。接着，我们请她抑制渴求，要她思考可卡因让她在经济、人际关系和就业等方面付出的代价。这激活了另一组不同的脑区，我们将之概括为"抑制网络"。渴求网络和抑制网络始终在争夺霸权，争夺的结果将决定凯伦得到可卡因时会怎么做。

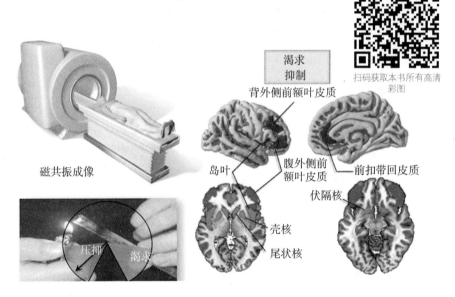

大脑里的有些网络与渴求有关（红色部分），另一些则负责压抑诱惑（蓝色部分）。利用神经成像里的实时反馈，我们测量了两个网络的活动，让参与者以视觉反馈的形式了解战斗进展如何。

利用扫描仪的快速运算技术，我们可以测量哪一个网络会胜出：是渴求网络的短期思维，还是抑制网络（或称冲动控制网络）的长期思维。我们以车速表的形式，让凯伦看到实时的视觉反馈，让她理解战况进展。如果渴求胜出，指针就处在红色区域；如果她成功地抑制了渴求，指针就转到蓝色区域。这样，她就可以尝试不同的方法，看看怎样才能调整这些网络的平衡。

通过反复练习，凯伦更好地认识到怎样做才能移动指针。不管她在主观上是否意识到自己是怎么做成的，反复的练习都让她巩固了抑制的神经回路。这项技术尚处于起步阶段，但等她下一次面对可卡因的时候，如果她愿意，就有希望通过认知工具来克服自己的即时渴望。这种训练并不强迫凯伦采取任何特定的行为方式，只不过是让她有了更多的认知技能，可控制自己的选择，而不是成为冲动的奴隶。

数百万人吸毒成瘾，但监狱不是解决问题的地方。了解了人类大脑怎样做决定，我们就可以找到惩罚之外的新办法。随着我们越发准确地理解大脑的内部运作方式，我们可以更好地让行为符合理想目标。

更推而广之地说，熟悉决策机制，能让刑事司法制度在毒瘾以外的方面也有所进步，提出更符合人性、成本效益更高的政策。那会是什么样的政策呢？最主要的一点是更注重强调康复训练，而非大规模监禁。这听起来可能有些虚幻，但实际上已经有地方率先尝试此种方法，取得了极大的成功。威斯康星州麦迪逊市的门多塔青少年治疗中心就是其中一例。

门多塔治疗中心的许多 12 ～ 17 岁青少年，犯下了在其他地方足以判处终身监禁的罪行，但这里接收了他们。对不少孩子来说，这是他们最后的机会。20 世纪 90 年代初，该中心开始了一个项目，采用一种新的方法来对待这些边缘青少年。项目特别关注他们正在发育的年轻大脑。我们在第 1 章中看到过，因为前额叶皮质尚未充分发育，当事人常常在冲动之下做出决定，对未来后果未做任何有意义的考量。在门多塔治疗中心，这一观点为康复方法带来了启示。为了帮助孩子们提高自我控制能力，项目设计了一套指导、咨询和奖励制度。其中一项重要技术就是训练他们停下来，思考个人选择带来的未来后果，即鼓励他们提前模拟即将发生的情况，以此强化对即时冲动满足起抑制作用的神经连接。

冲动控制能力差，是监狱里绝大多数犯罪分子的标志特征。不少错站到法律对立面的人大体上知道对错行为之间的区别，也理解犯了错会受到惩罚，但他们还是栽倒在了糟糕的冲动控制上。他们看到拿着昂贵钱包的老妇人，想都没想就冲了上去，压根儿没考虑过其他的选项。"此刻"的诱惑压倒了他们任何对未来的理性考量。

我们目前的惩罚制度是基于个人的犯罪意志和责任，门多塔治疗中心则在尝试另一种做法。社会固然有着根深蒂固的惩罚冲动，但这里我们不妨来想象另一种不同的刑事司法制度，它跟决策的神经科学有着更紧密的关系。这样的法律体系不会让任何人逃过法网，但它更多的是从未来的视角看待违法犯罪者，而不是因为这些人过去的所作所为而将其人生一笔勾销。为了社会的安全，打破社会契约的人应该关进监狱，但监禁不应该只为血债血偿，更应该考虑有科学依据的、有意义的康复治疗。

决策是一切事情的核心：我们是什么人，我们在做什么，我们怎样感知自己周围的世界。如果我们无法权衡不同的选择，就会被最基本的冲动掌控。我们将无法明智地寻找"此刻"的方向，规划自己将来的生活。虽然我们只拥有一种身份认同，但我们并不只拥有一种思维：相反，我们是诸多互为竞争的动机的集合。理解了不同的选项怎样从大脑之战中胜出，我们就可以学会怎样为自己、为社会做出更好的决定。

第5章

反思：
我需要他人吗

The Brain

- 看到电影里的演员被刀捅了，为什么我们也会产生类似的痛感呢？

- 在被单独囚禁一年后，人的大脑会出现什么样的变化？

- 为什么原本认为谋杀他人有违良知的人，却突然之间对"非我族类"的邻居惨下毒手？

有真人电影，我们为什么还要看动画片

如今，这个星球上有 80 多亿颗人类大脑熙来攘往。虽然我们常觉得自己是在独立运作，但每一颗人类大脑其实是在彼此交错的庞大网络里运作的：我们甚至可以把人类这个物种所取得的成就，看成一个不断变化的巨大有机体所创造的奇迹。

传统上，研究人员总是孤立地研究大脑，但这种方法忽视了一个事实：数量众多的大脑回路都是跟其他大脑，也就是其他人相关的。我们是重度的社会生物。从家人、朋友、同事到业务合作伙伴，人类社会建立在层次繁多的社会互动之上。放眼周围，我们看到人际关系分分合合，看到家族的纽带、让人眼花缭乱的社交网络，还有利益关系的结盟。

所有这些社会黏合剂，都是在大脑的专用回路里产生的：这些庞大的网络监控着别人，与之沟通，感受他人的痛苦，判断他人的意图，解读他人的情绪。我们的社会技能深深地根植于神经回路，而理解这一回路，是被称为社会神经科学的新兴研究领域的基础。

想想以下这些东西有多么不同：兔子、火车、怪物、飞机和儿童玩具。可哪怕它们如此不同，却全都可以充当热门动画片的主角，我们可以毫不费力地赋予它们思想。观众的大脑不需要什么提醒就能接受"这些角色跟我们人类一样"的设定，并能随着它们遭遇的起伏跌宕又哭又笑。

1944 年，心理学家弗里茨·海德（Fritz Heider）和玛丽安·西梅尔（Marianne Simmel）制作了一部短片，凸显了人这种喜欢给非人类角色赋予思想的倾向。在短片中，两个简单的形状——一个三角形和一个圆形，在一起绕着彼此旋转。片刻之后，一个更大的三角形潜入场景中，然后它突然冲上去，推搡小三角形。圆形偷偷摸摸地溜进一个矩形结构，并把门关上。与此同时，大三角形把小三角形赶跑了。接着大三角形气势汹汹地来到矩形结构的门口。大三角形撬开门，跟着圆形钻了进去，圆形狂乱地想找其他出路逃跑，可惜没有成功。就在形势看起来最不妙的时候，小三角形回来了。它拉开门，圆形飞奔出来迎接它。它们一起把门关了起来，把大三角形困在了里面。大三角形在矩形结构里徒劳地撞着墙。外面，小三角形和圆形重新绕着彼此旋转起来。

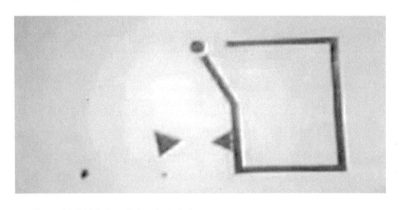

人们情不自禁地替这些移动的形状编故事。

研究人员请观看了这部短片的人描述自己看到了些什么，你大概以为，他们会说，这就是些简单的形状动来动去。毕竟，就是一个圆形和两个三角形的坐标变化嘛。

然而观众们可不是这么说的。他们描述了一个爱情故事，一场战斗、追逐和胜利。海德和西梅尔用这部动画来揭示人是多么容易感知身边的社会意图。移动形状进入我们的视线，可我们却以社会化叙事的形式，看出了意义、动机和情感。我们情不自禁地要编故事。从远古时代开始，人们就看到了鸟的飞行、星星的移动、树木的摇曳，并创作出了它们的故事，认为这些东西拥有思想。

这种爱讲故事的倾向不是怪癖，它是探知大脑回路的一条重要线索。它揭示出，大脑受社会互动启动的程度有多高。说到底，迅速分辨出谁是朋友、谁是敌人，是我们生存的基石。我们通过判断其他人的意图，在社会世界里穿梭。她是想帮忙吗？我需要担心他吗？他们在努力为我谋求最佳利益吗？

大脑不断地进行社会判断，但我们是从生活经验里学习这一技能的，还是天生就会呢？为了找到答案，我们可以看看婴儿是否拥有这一技能。我重复了耶鲁大学心理学家基利・哈姆林（Kiley Hamlin）、卡伦・威恩（Karen Wynn）和保罗・布卢姆（Paul Bloom）① 的一项实验，邀请婴儿看木偶戏，一次只安排一个婴儿看。

这些婴儿都不到一岁，刚刚开始探索自己周围的世界。他们全都缺乏生活经验。他们坐在母亲的膝盖上观看表演。幕布拉开，一只鸭子费劲地想打开一只装有玩具的箱子。鸭子抓着箱盖，但就是抓不稳。穿着不同颜色衬衫的两只熊，在一旁看着。

过了一阵，一只熊出手帮助了鸭子，帮它抓稳了箱子，把盖子掀开。它们简短地拥抱了一下，箱盖再次合上。

接下来，鸭子试图再次打开盖子。这时另一只熊出现，它看着鸭子，然后把身子压到箱盖上，阻止鸭子的尝试。

---

① 保罗・布卢姆是著名认知心理学家，美国哲学与心理学协会前任主席。他讲述婴儿道德发展的经典畅销书《善恶之源》，中文简体字版由湛庐引进，由浙江人民出版社2015年出版。——编者注

木偶戏证明，就连婴儿也在判断他人的意图。

整场演出就是这样。情节很短，没有对白，一只熊帮助了鸭子，另一只熊则表现得很让人讨厌。

幕布落下又重新打开，我带着两只熊来到观看表演的婴儿面前。我把它们举起来，提示孩子选一个，跟它一起玩耍。和布卢姆发现的一样，几乎所有的婴儿选择了那只好心肠的熊。这些婴儿不能走路，不会说话，但已经能对他人进行判断了。

要他们选的话，婴儿会选好心肠的熊。

人们常常认为，我们是根据在世界上多年的经验，学会评估一个人是否值得信任的。但这些简单的实验表明，就算是婴儿，也配备了探索、感受世界的社会天线。大脑有着与生俱来的本能去检验什么人值得信任，什么人不值得。

镜像反应：模仿是人类自我完善的天分吗

随着人的成长，我们面临的社会挑战变得更加微妙和复杂。除了语言和行动，我们必须理解音调变化、面部表情、肢体语言。当我们全神贯注地投入讨论，大脑这台机器便忙着处理复杂的信息。这些运作完全出于本能，人根本察觉不到。

很多时候，要更好地理解某样东西，就是看看缺了它们，世界会变成什么样。有个名叫约翰·罗比森（John Robison）的人，他在成长过程中完全不了解大脑的正常社会活动是什么样的。他总是受其他孩子欺负，遭人嫌弃，他只喜欢机器。他说自己宁愿跟一台拖拉机待在一起，因为至少它不会取笑自己。"我猜，我能学会跟机器交朋友，也学不会跟人交朋友。"他说。

随着时间的推移，对技术的热情让约翰走上了当年欺负他的那些人梦寐以求的事业之路。他才 21 岁，就成了 KISS 乐队的巡回演出设备管理员。可即便身边围着传奇摇滚巨星，他的视野还是跟别人不一样。人们问他，几位不同的乐手是些怎样的人，约翰只会解释他们怎样用 7 套串联在一起的低音功放系统在太阳体育场演出。他说得出低音系统的功率一共是 2 200 瓦，能列出各种放大器及它们使用的交叉频率是多少。但对那些通过低音系统唱歌的乐手，他一件事也说不出来。他生活在一个只有技术和设备的世界里。不过，直到 40 岁，约翰才最终被确诊患有阿斯伯格综合征，这是孤独症的一种。

接下来发生的事情改变了约翰的一生。2008 年，他应邀参加哈佛医学院的一项实验。阿尔瓦罗·帕斯夸尔－莱昂内博士领导的研究小组用经颅磁刺激来评估大脑的一个区域的活动怎样影响其他区域的活动。经颅磁刺激仪在头部旁边发射一道强磁脉冲，这引起了大脑里的一道小电流，暂时中断了局部大脑的活动。实验旨在帮助研究人员更了解孤独症患者的大脑。研究团队使用经颅磁刺激，对准了约翰大脑里参与高级认知功能的多个不同区域。最初，约翰报告说刺激没有产生影响。但在一轮刺激中，研究人员将经颅磁刺激对准了他的背外侧前额叶皮质，这是大脑在进化中较新出现的一个区域，参与灵活和抽象思维方面的活动。这一次，约翰报告说他感觉有点不同。

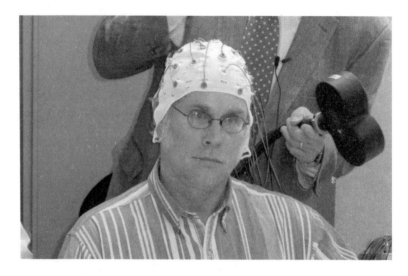

研究人员先为约翰·罗比森戴上脑电电极帽，再把经颅磁刺激线圈放在他头旁边。

约翰给帕斯夸尔－莱昂内博士打电话，说刺激的作用似乎"解锁"了他体内的什么东西。约翰报告说，作用持续到了实验结束之后。对约翰而言，它开启了洞察社会世界的一扇新窗口。从前，他根本意识不到他人的面部表情流露出的信息，但接受实验之后，他察觉到这些信息了。约翰对世界的体验，一下子发生了变化。帕斯夸尔－莱昂内对此有些怀疑。按照他的认识，如果作用是真的，它们维持不了多久，因为经颅磁刺激的效应一般只能持续几分钟，最多几小时。虽然他并没有完全明白是怎么一回事，但他承认，经颅磁刺激似乎对约翰造成了根本上的改变。

在社交领域，约翰的体验从黑白的变成了全彩的。他现在能看见一个之前从来看不到的沟通频道了。约翰的故事不光暗示新的治疗技术有望改善孤独症，还揭示了在后台运行的无意识机制的重要性。我们清醒的每一刻，都投入到了社会联系当中——大脑回路不断根据微妙的面部、听觉和其他感觉线索，解码着他人的情绪。

成年很久并对孤独症有所了解之后，约翰才对面部表情传递的复杂信息有了了解。"我看得出人气得发狂的样子，"他说，"但如果你问及更微妙的表情，比方说，我觉得你挺可爱，我怀疑你有所隐瞒，我真的喜欢做那个，我希望你做这个——我对这类事就完全没概念了。"

我们生活的每一刻，大脑回路都在根据极其细微的面部线索解码着他人的情绪。为了更好地理解我们是怎样迅速又自动地解读面部表情，我邀请了一组人到我的实验室来。我们在他们脸上放置了两根电极，一根在额头上，一根在脸颊上，借此测量他们表情的小幅变化。接下来，我们让他们观看人脸的照片。

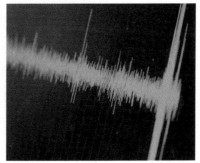

面部肌肉的细微动作，可以用肌电图来测量。

参与者看着表情为微笑或皱眉的人脸照片时，我们可以测量到短期的电活动，表示他们的脸部肌肉有非常细微的运动。这是"镜像"反应使然，也就是说，人会不由自主地用自己的面部肌肉模仿所看到的表情。人会用微笑对应微笑，哪怕肌肉运动轻微得都看不出来。人就是会在无意间彼此模仿。

The Brain

孤独症

　　孤独症是一种神经发育障碍，发病人数占总人口的 1%。虽然人们已经确认了它跟遗传和环境因素都有关系，但近年来，确诊患有孤独症的人数却呈上升趋势，几乎没有什么科学证据能解释这一增长。在没有患孤独症的人当中，大脑的许多区域都参与寻找与他人的感受和想法有关的社交线索。可在孤独症患者身上，这种大脑活动却不够强烈，与此伴随而来的，就是他们的社交技能不足。

镜像反应阐明了一个奇怪的事实：结婚多年的夫妻会变得越来越像，结婚越久，该效应越明显。研究表明，这并不仅仅是因为他们穿同样的衣服或留着同样的发型，而是因为他们多年来"镜像"对方的脸，皱纹模式逐渐变得一样了。

我们为什么会"镜像"呢？它有什么目的吗？为了找到答案，我邀请另一组参与者来到实验室。第二组人跟第一组人类似，但有一个关键的不同点：新的这一组人，接触过全世界最致命的毒素。如果你摄入这种毒素，哪怕只有几滴，大脑也无法再命令肌肉收缩，你会因为肌肉麻痹而死，再说得具体一些，就是由于横膈膜无法运动，你将死于窒息。考虑到这些事实，人似乎不可能花钱给自己注射这种东西。可竟然有人真的会注射。这种毒素就是从细菌中提取的肉毒杆菌毒素，市场上常用的品牌名称叫"保妥适"（Botox）。把它注入面部肌肉，会使面部肌肉麻痹，从而减少皱纹。

然而，除了美容，保妥适还有一个不为人知的副作用。我们给使用过保妥适的受访者展示了相同的照片。在肌电图里，他们的面部肌肉表现出较少的镜像反应。这倒没什么奇怪的，毕竟，他们的肌肉运动已经遭到了人为削弱。让人感到意外的是另一件事，2011 年，戴维·尼尔（David Neal）和塔尼娅·沙特朗（Tanya Chartrand）首次报告了该现象。我采用跟他们相同的实验设置，让两组参与者，即保妥适组和非保妥适组观看面部表情，从待选的 4 个单词里选择出能最准确形容所示表情的一个。

沮丧　　　　　　　　　　　　　　宽慰

害羞　　　　　　　　　　　　　　兴奋

研究人员给参与者展示了 36 张面部表情的照片，每张照片都伴有 4 个单词。

平均而言，使用了保妥适的参与者，表情识别正确率更低。为什么呢？一种假说认为，缺乏来自自己面部肌肉的反馈，他们解读他人表情的能力也变差了。我们都知道，保妥适使用者的脸部比较僵硬，不够灵活，要表现出他们自己的情绪很难。而出人意料的是，自己脸部肌肉僵硬竟然也让他们难以解读别人的表情。

不妨从这样的角度来看待这一结果：我的面部肌肉反映了我的感受，你的神经机制利用了这一点。如果你想了解我的感受，你会自己来试试模仿我的表情。你并不是有意为之，这一过程发生得很快，而且你察觉不到，但对我表情的自动镜像，让你得以快速评估我可能是怎么感受的。这是你大脑很擅长的一招，以此更好地理解我，更好地预测我会做什么。当然了，这只不过是它诸多绝招里的一个。

共情是生存必需，还是只是一种沟通策略

我们去看电影，陷入到爱情、心碎、冒险和恐惧的世界里。但电影里的英雄也好，反派也好，无非是以二维形式投影到屏幕上的演员，对这些稍纵即逝的幻觉，我们怎么会在意他们的种种遭遇呢？电影为什么能让我们哭，让我们笑，让我们紧张得大气都不敢出呢？

要理解你为什么对陷入痛苦里的他人那么在乎，你需要先知道，当你痛苦时，大脑里发生了些什么。想象一下，有人用注射器针头扎了一下你的手。大脑里并没有一个单独的地方处理疼痛。相反，疼痛激活了大脑若干个不同的区域，它们一同运转起来。研究人员将这一网络概括为疼痛网络。

让人惊讶的地方在这里：疼痛网络对我们与他人的联系至关重要。如果你看到别人被刀捅了，你的疼痛网络的大部分也会被激活。被激活的区域并不是要告诉你，你真的挨了刀，它们参与的是疼痛的情绪体验。换句话说，看到有人疼痛和你自己在疼痛，使用的是相同的神经机制。这是共情的基础。

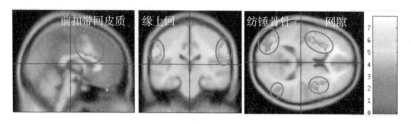

前扣带回皮质　缘上回　纺锤骨针　网隙

疼痛网络是大脑里这一组区域的名字。在你疼痛的时候，它会被激活。当你看到别人疼痛，这些区域中的大部分也会活跃起来。

与他人共情，就是能真实地感受到他们的痛苦。你会进行逼真的模拟，看看如果自己置身于那种情况会是什么样子。像电影和小说这样的虚构故事为什么那么引人入胜，而且在各种人类文化里普遍存在，这种共情能力就是原因所在。哪怕是完全陌生甚至虚构出的人物，你也能体验到他们的痛苦和欣喜。你毫不费力地变成了他们，过着他们的生活，站到了他们的位置上。当你看到别人在受苦，你可以告诉自己，这是他们的问题，跟你无关，但你大脑深处的神经元却无法分辨他人和你的痛苦。

从神经学角度讲，就是这种感受他人痛苦的内置工具，让我们很擅长换位思考。但我们最初是怎么拥有这一工具的呢？从进化的角度看，共情是一项有用的技能：通过更好地理解他人的感受，可以更准确地预测对方接下来要做什么。然而，共情的精确度有限，很多时候，我们也只是把自己的感受投射到别人身上。举个例子吧。1994 年，南卡罗来纳州一位叫苏珊·史密斯（Susan Smith）的母亲引发了全美国人的同情。她向警察报案，说自己遭到一名男子的劫持，对方开走了她的车，也带走了她的孩子们。整整 9 天，她在全美的电视上恳求救援，呼唤孩子们的归来。全美各地跟她素不相识的人们都伸出了援助之手。然而最终，苏珊·史密斯坦白说，是自己把孩子们给杀死了。每个人都对她讲述的抢劫故事信以为真，因为她实际的行为远远超出了正常的预测范围。虽然现在回想起来，此案的细节相当明显，但当时却很难察觉异样，因为我们一般会以己度人，从自己是什么人、自己会怎么做的视角出发来阐释他人。

我们总是情不自禁地模仿他人、关心他人、跟他人建立连接，因为我们是天生的社会动物。这就引出了一个问题：我们的大脑依赖社会互动吗？如果让大脑断绝人际接触，会出现什么样的后果呢？

2009 年，和平活动家莎拉·舒尔德（Sarah Shourd）和两个同伴在伊拉克北部山区徒步旅行，当时，这个地区并未打仗，处在和平状态。他们按照当地人的建议，想去看看艾哈迈德·阿瓦瀑布。不幸的是，这条瀑布位于伊拉克与伊朗的边境。伊朗边防部队把他们当成美国间谍嫌疑人逮捕起来。两名男性同伴关在一间牢房，莎拉跟他们分开，单独监禁。接下来的 410 天里，除每天两次 30 分钟的放风以外，她都是一个人在牢房里。

2009 年 7 月 31 日，美国人乔舒亚·法塔勒（Joshua Fattal）、莎拉·舒尔德、沙恩·鲍尔（Shane Bauer）在伊拉克和伊朗的边境地区徒步去看瀑布时，遭到伊朗军方逮捕。

莎拉这样说：

单独监禁的最初几星期到几个月之内，我就退化到了动物状态。我的意思是，我成了关在笼子里的动物，一天里的绝大部分时间都在踱步。动物状态最终又变成了植物似的状态：意识运转逐渐变缓，想法变得重复。大脑自己开启了，这成为我最大的痛苦之源，恶狠狠地折磨着我。我开始重温过去生命中的每一刻，可到了最后，连记忆都用完了。我一次次地向自己讲述记忆，可那根本用不了那么长的时间。

莎拉遭受的社会剥夺，引发了深层次的心理痛苦：没有互动，大脑受苦。单独监禁在许多司法管辖地区是非法的，这是因为观察家们很早就认识到，剥夺与他人互动这一人类生命中重要的活动，会造成极大的伤害。没有了与外界的接触，莎拉迅速进入了幻觉状态：

> 阳光将以某个角度，在一天的某个时间照进我的窗户。太阳照亮了牢房里所有细小的灰尘颗粒。我把这些灰尘颗粒看成占据地球的其他人类。它们陷入生活的激流，相互作用，撞到彼此又反弹开来。它们集体做着某件事。而我自己关在一个角落里，四周都是墙壁。我被甩出了生命的激流。

2010年9月，经过一年多的囚禁，莎拉获准释放，重返外部世界。这件事给她带来了如影随形的创伤：她得了抑郁症，很容易陷入恐慌。次年，她跟另一位远足的伙伴沙恩·鲍尔结婚了。她报告说，她和沙恩能够彼此宽慰，但也不是随时都能轻易做到，两人都因此事留下了感情创伤。

哲学家马丁·海德格尔认为，一个人单独"存在"其实很难，一般而言，人应是"存在于世界中"。他以这种方式强调，你周围的世界，构成了你的很大一部分。自我不存在于真空之中。

虽然科学家和临床医生能够观察到人单独监禁后会发生些什么，但很难直接研究它。不过，神经科学家娜奥米·艾森贝格尔（Naomi Eisenberger）进行了一项实验，为大脑在另一种稍缓和的情境下会发生些什么提供了依据，这种情境就是人遭到群体排斥。

想象一下，你跟其他两个人一起扔球玩耍，过了一阵，你被排挤出了游戏。另外两个人自己来回扔球，可就是不再扔给你。艾森贝格尔的实验就以这个简单的场景为基础。她找来志愿者玩一款简单的电脑游戏，游戏里代表志愿者的动画人物跟另外两个小人儿互相扔球。这些志愿者受了引导，以为是有人在控制另外两个小人儿，但其实它们只是受计算机程序的控制。起初，那两个小人儿很友好，可过了一阵，它们就把志愿者排挤出了游戏，只在彼此之间抛球了。

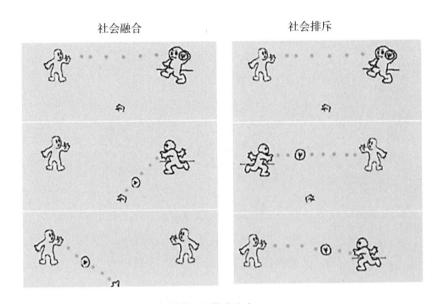

在社会排斥的情境中，志愿者被排挤出了抛球游戏。

艾森贝格尔让志愿者躺在大脑扫描仪（也就是功能性磁共振成像仪）里玩这款游戏。她发现了一件很明显的事情：志愿者遭到排挤后，参与疼痛网络的区域会活跃起来。拿不到球似乎是件微不足道的小事，可对大脑来说，社会排斥的意义很大，真的会让它感到疼痛。

为什么遭到拒绝会让人受伤呢？推测起来，这是一条线索，说明社会纽带具有进化意义，换句话说，这种痛苦是一种引导我们跟他人互动、得到他人接受的机制。大脑内置的神经机制驱使我们跟他人建立纽带关系，敦促我们形成集体。

社交疼痛

身体疼痛

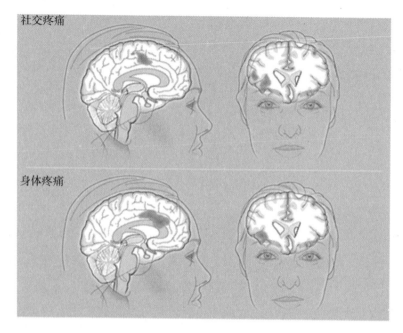

遭到排斥带来的社交疼痛和身体疼痛激活了相同的脑区。

　　这清楚地揭示了我们所处的社会世界的一个特点：不管在什么地方，人总是在形成集体。我们通过亲情、友情、工作、风格、运动队、宗教、文化、肤色、语言、兴趣爱好、政治立场等彼此纽结在一起。归属到集体当中，能带给我们宽慰——这一事实提供了一条有关人类历史发展的重要线索。

为什么"适者生存"这一说法不完全正确

　　一想到人类的进化，我们都很熟悉适者生存的概念：这让我们想象出一个机智而强壮的个体，比所属物种里的其他成员都更能打、更能跑、更容易找到配偶。换句话说，一个人必须是个强有力的竞争者，才能欣欣向荣、繁衍生存。这一模型有着很好的解释力，但对于我们行为的某些方面，它就很难解释了。以利他主义为例，该怎样用优胜劣汰的观点解释人们互相帮助的行为呢？在这里，最强大的个体在自然选择中胜出的理论模型似乎不太适用，所以理论家们引入了另一个概念：亲缘选择。这就是说，我关心的不仅是自己，我还关心那些与我有着相同基因的人，比如我的兄弟、堂亲和表亲。进化生物学家霍尔丹（J. S. Haldane）打趣说："为了救出我的两个兄弟或者我的八个表亲，我将欣然地跳进河里。"

然而，就算亲缘选择也不足以解释人类行为的所有方面，因为人们总会扎堆儿，跟那些没有血缘关系的人合作。这一现象又带来了"群体选择"的设想。这个概念是这样：如果一个群体里的人全部彼此合作，那么，群体里所有的人都会过得更好。一般来说，你会比那些不擅长跟邻居合作的人过得更好。群体成员一起合作，能够帮助彼此生存下去。他们更安全，生产力更强，能更好地应对挑战。这种与他人结成纽带的动力，叫作"真社会性"（eusociality，前缀 eu 在希腊语中是"好"的意思），它提供了一种无关亲属关系的黏合剂，使部落、集体和国家得以建立。这不是说个体选择不会发生，只不过个体选择并不是人类进化的全部。人类大多数时候是竞争性的，是个人主义的，但我们生活里也常常会彼此合作，追求集体利益。这让人类种群在整个地球上蓬勃发展，建立起了社会和文明。而个体，不管多么适应，都不可能单独完成这样的壮举。我们的真社会性，是令当今世界如此丰富又复杂的主要因素之一。

因此，我们走到一起形成群体的动力，为我们带来了生存优势，但它也有阴暗的一面——既然有了群体，就必定有了内外之分。

非我族类，其心真的"必异"吗

理解群体的内外，是理解我们历史的关键。放眼全球，这样那样的群体里的人反反复复地对其他群体施加暴力，哪怕后者手无寸铁、并不构成直接威胁。1915 年，奥斯曼帝国系统性地屠杀了 100 多万亚美尼亚人。1937 年的南京大屠杀中，侵华日军杀死了 30 多万手无寸铁的中国平民。1994 年，短短 100 天内，卢旺达的胡图人就杀死了 80 万图西人，还基本上用的是砍刀。

我没有办法用历史学家超然的眼光看待这些事情。看看我的家谱，你会发现，我的大部分亲族分支在 20 世纪 40 年代初戛然而止。只因为是犹太人，他们就成了种族主义的牺牲品，惨死在纳粹大屠杀中。

纳粹大屠杀之后，欧洲养成了一个习惯，动不动就发誓说"绝不让惨剧重演"。可 50 年后，种族灭绝再次发生，这一次大屠杀的发生地是距德国区区 900 多千米之外的南斯拉夫。1992—1995 年的南斯拉夫战争期间，超过 10 万穆斯林在塞尔维亚人"种族清洗"的暴行下遭到杀害。斯雷布雷尼察是战争打得最惨烈的一个地方：短短 10 天内，就有 8 000 名波斯尼亚穆斯林遭到枪杀。斯雷布雷尼察被攻城部队包围后，这些人躲入联合国安全区避难，但在 1995 年 7 月 11 日，联合国指挥官把所有难民从安全区里赶了出去，把他们送进了等在大门外面的敌人之手——妇女遭强奸，男人被处决，连儿童也没躲过一死。

我飞到萨拉热窝，想更清楚地了解当时发生的情况。在当地，我偶然跟一个名叫哈桑·努哈诺维奇（Hason Nuhanovic）的高大中年男人聊了会儿天。哈桑是波斯尼亚穆斯林，曾以翻译的身份在联合国安全区里工作。他的家人同在安全区里，只不过是以难民身份。当时，哈桑眼睁睁地看着家人被赶出去送死。只有他自己获准留下，因为他是翻译，还有利用价值。他的父母和哥哥全都死在那一天。那是最让他受折磨的噩梦："他们持续不断地杀人、折磨人，这些罪行全是我们的邻人犯下的。我们跟他们一起生活了几十年啊，他们竟然对自己学校里的同学都能下得去手。"

为了举例说明正常的社会交往是怎样解体的，哈桑告诉了我塞尔维亚人逮捕一名波斯尼亚牙医的情形。他们把他吊在电线杆上，用金属棒殴打他，直到打断他的脊椎。哈桑告诉我，牙医在那里吊了三天，塞尔维亚的孩子们在上学的路上会经过他的尸体所在之处。一如哈桑所说："有的价值观是普遍的、最基本的，那就是'不可杀人'。可在 1992 年 4 月，这个'不可杀人'的原则突然消失了，变成了'去啊，去杀人啊'。"

荷兰部队负责联合国安全区的保卫工作，数千名波斯尼亚穆斯林在此避难。荷兰指挥官把难民赶入围攻部队之手后，哈桑·努哈诺维奇的家人死于屠杀。

哈桑的家人被埋葬在斯雷布雷尼察的这座墓园。每年，都会有更多的尸体被发现、确认、搬入此处。

The Brain

E综合征

这张照片来自第二次世界大战中一次大屠杀中的场景，一名士兵瞄准了怀抱孩子的妇女。

是什么削弱了伤害他人带来的情绪反应呢? 神经外科医生伊扎克·弗里德 (Itzhak Fried) 指出, 放眼世界各地的暴力事件, 你会发现相同的行为特征无处不在。人们的大脑似乎不再正常运行, 而是进入一种特殊的行为模式。他提出, 就像医生能在肺炎患者身上发现咳嗽和发热症状, 人也可以在施暴者身上寻找并识别出具体的行为: "E 综合征"。按弗里德提出的理论, E 综合征的特征在于情绪反应减少, 令暴力行为能反复出现。还有"超唤起"(hyperarousal), 德国人称之为"陶醉"(Rausch), 即进行暴力行为时的飘然得意感。E 综合征还会集体传染: 如果人人都这么做, 它很快就扩散开来。还有一个特征是"心理区隔"(compartmentalization), 指人会关心自己的家人, 却会对他人的家人施以暴行。

从神经科学的角度来看, 有一条重要的线索: 大脑的其他功能, 如语言、记忆和解决问题的能力都不受损害。这表明, E 综合征不是涉及整个大脑的变化, 而只涉及了情绪和共情区域。就好像这些区域短路了, 它们不再参与决策。此时, 肇事者的选择, 只受负责逻辑、记忆、推理等的区域驱动, 而与情绪考量相关、思考站到他人立场上会是怎样的网络却熄火了。按弗里德的观点, 这相当于脱离了道德的约束。人们不再使用正常情况下指引社会决策的情绪系统。

是什么令人际互动出现如此惊人的转变？一个亲社会的物种，怎么竟能做出这种暴行？种族灭绝为什么不断在世界各地重演？传统上，我们从历史、经济和政治的背景来审视战争与杀戮。然而，为了得到全面的解释，我相信，我们也需要把它们理解成一个神经学现象。通常来说，你会觉得谋杀邻居是有违良知的。那么，突然之间，是什么令成千上万人就这么做了呢？什么样的情况会让正常的大脑社会功能短路呢？

"人以群分"是保障还是障碍

能在实验室里研究大脑正常社会功能的故障吗？我设计了一项实验来一探究竟。

我们提出的第一个研究问题很简单：根据对方是你的群内人还是群外人，你对他人的基本共情会有所改变吗？

我们让参与者进入扫描仪。他们在屏幕上看到6只手。就像游戏节目里的大转盘一样，电脑随机挑选出一只手。接着，这只手被放大到屏幕中央，你看到有棉签擦拭它，或是有注射器针头扎它。这两个动作在视觉系统引起相同的活动，可在大脑其他区域却有着很不一样的反应。

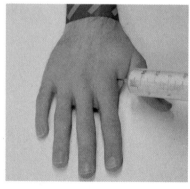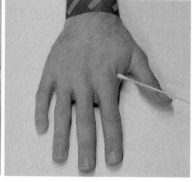

在参与者接受大脑扫描期间，我们给他们看手部被针头扎入或被棉签擦拭的视频。

如我们早前所见，看到他人的疼痛，会激活自己的疼痛网络。这是共情的基础。好了，现在可以把有关共情的问题推入下一阶段了。确定了上述基准条件后，我们做了一点非常简单的调整：屏幕上仍然出现 6 只手，但每只手都配上了名词标签，分别是"基督教徒""犹太教徒""无神论者""穆斯林""印度教徒""科学教徒"。一只手的图像被随机选中，接着被放大到屏幕中央，手会被棉签擦拭或被针头扎。我们的实验问题是：看到"非我族类者"疼痛，你的大脑是否同样在乎？

我们发现存在相当大的个体差异，但平均而言，看到自己族群内的人疼痛，人的大脑会表现出更强烈的共情反应；而当疼痛者是族群外的人，大脑的反应则较弱。考虑到这些只是一个名词标签带来的作用，结果不可谓不明显：只需要很少的东西就够划定族群了。

对人基本地分个类，就足以改变你的大脑对另一个人疼痛的前意识反应（pre-conscious response）。好吧，或许有人对按宗教划分有些看法，但这里有更深层的一点值得注意：在我们的研究中，就连无神论者，对标有"无神论者"的手的疼痛也表现出了更强的反应，而对其他标签的共情反应较弱。故此，究其根本，研究所得的结果和宗教无关，而在于你属于哪一支队伍。

可见，人们对群体外成员的共情较弱。但为了理解暴力和种族灭绝这类事情，还需要更深入一步，去探究"去人性化"（dehumanization）。

荷兰莱顿大学的拉萨纳·哈里斯（Lasana Harris）开展了一系列实验，带着我们更进一步理解这是怎么回事。哈里斯想要寻找大脑社会网络中的变化，尤其是内侧前额叶皮质的变化。在人与他人进行互动、想到他人的时候，这一区域会活跃起来，但如果我们应对的是无生命物体，如咖啡杯，它就不会活跃。

哈里斯给志愿者看了来自不同社会群体的照片，如流浪汉或瘾君子等。他发现，人们看到流浪汉时，内侧前额叶皮质的活动较少，更接近看物体时的状态。

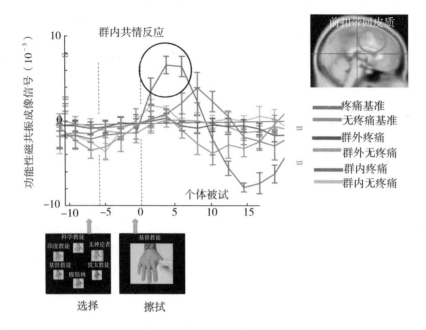

这位参与者看到自己群内人疼痛后，其大脑的前扣带回出现了很强的神经反应。当他看到群外人疼痛时，前扣带回却不怎么活跃。

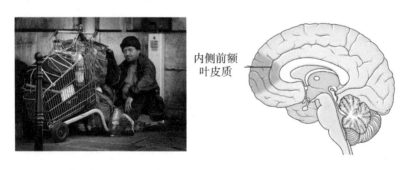

内侧前额叶皮质参与对他人的思考，至少是大多数他人。

他指出，关闭了把流浪汉视为人类同胞的系统之后，人就不会再因为没给钱而感觉糟糕，不会再体会那种不愉快的压力了。换句话说，流浪汉被"去人性化"了：大脑看待他们更像是物体，不再像是人。这不足为奇，这样一来，人就不太可能体贴地对待他们了。哈里斯解释说："如果你不能好好地把人当人看，专为人类保留的道德准则也就用不上了。"

"去人性化"是种族灭绝的关键组成元素。一如纳粹把犹太人看成东西而不是人，南斯拉夫（已于 1992 年解体）的塞尔维亚人也这样看待穆斯林。

我在萨拉热窝时，曾沿着大街散步。战争期间，这条街叫作"狙击手巷"，因为在这条街上，平民男女和孩子会被蹲守在附近山坡和相邻建筑物上的狙击手射杀。这条街成了象征战争恐怖的一个有力标志。一条普普通通的城市街道怎么会变成这样的呢？

这场战争和其他所有的战争一样，受一种数百年来行之有效的神经操纵术煽风点火，也就是"洗脑"。战争期间，南斯拉夫主要的新闻机构塞尔维亚广播电视台，由塞尔维亚政府控制，始终报道扭曲的新闻事实。报道编造说，波斯尼亚穆斯林和克罗地亚人怀着种族动机攻击塞尔维亚人。电视网不断地妖魔化波斯尼亚人和克罗地亚人，并用负面语言描述穆斯林。最荒谬的是，他们甚至凭空编造出故事，说穆斯林把塞尔维亚人的孩子投给萨拉热窝动物园饥饿的狮子吃。

只有经过大规模的"去人性化"，种族灭绝才有可能发生，而"洗脑"正是完成大规模"去人性化"的完美工具：它直接侵入了负责理解他人的神经网络，调低了我们对他人的共情程度。

我们已经看到，大脑会受政治议程摆布，将他人"去人性化"，从而暴露出人类行为最阴暗的一面。能不能为大脑设置程序避免这种情况呢？ 20 世纪 60 年代，美国一所学校里进行的实验说不定提出了一条可行的途径。

那是 1968 年，民权运动领袖马丁·路德·金遭暗杀后的第二天。艾奥瓦州一座小镇上的老师简·埃利奥特（Jane Elliott）决定在课堂上展示偏见是怎么一回事。埃利奥特问自己班上的学生是否明白因为肤色就遭人评判是什么感受。同学们大多觉得自己明白。但她拿不准，所以就发起了一场日后注定要名垂青史的实验。她宣布，在这间教室里，蓝眼睛的学生是"更优秀的人"。

> **简·埃利奥特**：棕眼睛的人不能使用饮水机。你们必须用纸杯。棕眼睛的人不能跟蓝眼睛的人一起在操场上玩，因为你们没他们那么优秀。教室里棕眼睛的人要戴项圈，这样我们就可以从远处判断你们的眼睛是什么颜色。打开教科书第 127 页……大家都准备好了吗？嗯，大家都准备好了，可劳里还没准备好。准备好了吗，劳里？
>
> **学生**：她是个棕眼人。
>
> **简·埃利奥特**：她是个棕眼人。从今天开始，你们会注意到我们老是会花大量时间等待棕眼人。

过了一会儿，当埃利奥特四处寻找她的码尺时，两个男孩开口了。雷克斯·科扎克（Rex Kozak）告诉她码尺在哪儿，而雷蒙德·汉森（Raymond Hansen）热心地提议："嘿，埃利奥特老师，您最好把它在桌上放好，以防棕眼人控制不住自己拿走了它。"

前几年，我和雷克斯与雷蒙德这两个男孩见了一面，他们现在已经是成年人了。他们都有着蓝眼睛。我问他们还记不记得自己第一天的行为是什么样的。雷蒙德说："我对自己的朋友们很坏。为了让自己得到表扬，我刁难自己的棕眼朋友。"他回忆说，自己当时一头金发，眼睛也很蓝。"我简直就是个完美的小纳粹。我想方设法地捉弄那些几分钟、几小时之前还跟我非常亲近的朋友。"

第二天，埃利奥特翻转了实验设置。她向全班宣布：

> 棕眼人可以摘下项圈了。你们每个人，都可以把项圈给一个蓝眼人戴上。棕眼人可以多休息 5 分钟。蓝眼人任何时候都不得接触操场上的器械。蓝眼人不得跟棕眼人玩耍。棕眼人比蓝眼人更优秀。

雷克斯这样形容翻转之后他的感受："那夺走了我的一切，我的世界前所未有地崩塌了。"被分到"下等"组之后，雷蒙德感觉到了深深的失落，他没了人格和自我，觉得自己几乎没法正常行动了。

生而为人，我们学会的最重要的一件事情就是换位思考。但孩子们通常得不到有效的锻炼，让他们能换位思考。当一个人被迫去理解站在别人的立场是什么样时，就打开了新的认知途径。经历了埃利奥特老师的教室实验，雷克斯更加警惕地反对种族主义言论，他记得自己对父亲说："那是不对的。"雷克斯温柔地回忆起了那一刻：他感觉自己坚定不移，作为一个人，他在逐渐改变。

蓝眼睛 / 棕眼睛实验的天才之处在于，简·埃利奥特让两组人互换了位置。这让孩子们汲取了更深刻的教训：规则系统可以是随意设定的。孩子们了解到了世界上的真理并不固定，而且不见得就是真理。这个实验给孩子们带来了力量，帮助他们看透政治的迷雾，形成自己的观点——这显然是我们希望所有孩子都具备的能力。

教育在防止种族屠杀中发挥着关键作用。只有了解形成"群内、群外"的神经动力，以及宣传洗脑植入这一动力的标准伎俩，我们才有望打断"去人性化"通路，结束大规模的暴行。

在这个数字超链接的时代，理解人类之间的联系比以往变得更为重要。人类大脑天生就硬接线了互动的能力，我们是一个出色的社会物种。虽然我们的社会驱动力有时会被操纵，但它仍然是人类成功的核心所在。

你或许以为，"你"这一概念的范围仅限于你皮肤的包裹之内，皮肤之外就不是"你"；可你又有一种感觉，并没有办法清晰划分出"你"和周围其他人的界限。你的神经元和这星球上每个人的神经元，在一个不断变化的庞大超级有机体里互相作用。我们对"你"所做的界定就是，"你"是一套小网络，从属于一套更庞大的网络。如果我们希望人类获得更光明的未来，就一定会继续研究人类大脑怎样互动——这既是危险所在，也是机遇所在。因为我们不能回避这一刻在大脑回路里的真相：我们彼此需要。

The Brain

第 6 章

落幕:

我会成为什么

The Brain

- 保存在"杜瓦瓶"里深层冷冻的尸体是否能真正实现永生?

- 我们距离可以一键将自己上传的"超人类"时代还有多远?上传之后,还是我们自己吗?

- 我们是否已经像"庄周梦蝶"般生活在梦中的模拟世界了呢?

过去 10 万年里，人类这个物种已经走完了相当长的一段旅程：从原始的狩猎采集者，变成了统治整个地球、超级互联互通、主宰自己命运的生物。今天，我们眼里平平无奇的体验，是祖先们做梦都想不到的。只要我们乐意，随时都可以为自己精心装饰的"洞穴"（家）引来清澈的"流水"（自来水）。我们手里拿着巴掌大的设备，全世界的知识都轻松装在里面。我们经常置身云端，从空中看到大地母亲的弧度。我们用不到 80 毫秒的时间，把信息发送到地球另一端；用每秒 60 兆比特的速度，把文件上传到宇宙空间站。哪怕简单如开车上班，我们也经常以超越如猎豹那样的生物界最伟大杰作的速度行进。我们人类取得的巨大成功，有赖于颅骨里那 1.4 千克重的物质的特殊性能。

促成这趟旅程的人类大脑，到底是怎么回事呢？如果能够理解人类成就背后的奥妙，我们或许可以有目的地精心利用大脑的能力，开启人类故事的新篇章。在未来1000 年中，将有什么样的命运等着我们？在遥远的未来，人类会变成什么样？

"左右脑分工说"靠谱吗

理解人类成功及未来机遇的奥秘，来自大脑强大的可适应性，也就是大脑的可塑性。我们在第 2 章中看到，大脑的可塑性让人能融入任何环境，能掌握在当地生存所需的种种细节，包括地方语言、地方环境压力或是地方文化要求。

大脑的可塑性也是人类未来的关键，因为它开启了对人体自身硬件加以修改的大门。让我们来看看大脑这台运算设备到底有多么灵活吧。请看一个名叫卡梅伦·莫特（Cameron Mott）的年轻姑娘的案例。4 岁时，她的癫痫开始严重发作：卡梅伦会突然跌倒在地。这逼得她不得不随时戴着头盔。她很快被确诊患有一种致人衰弱的名为"拉斯姆森脑炎"的罕见疾病。她的神经科医生知道，这种癫痫会令患者瘫痪，并最终导致死亡，所以，他们提议采用激进的治疗方法，那就是做手术。2007 年，一支神经外科医生团队用了差不多 12 小时，取出了卡梅伦正好一半的大脑。

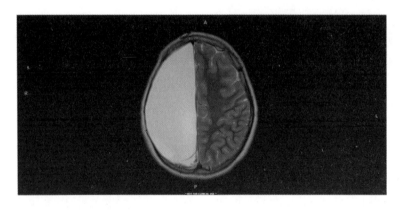

在卡梅伦大脑的这幅扫描图里，灰色的地方，就是她大脑被摘除的部分。

摘掉了半边大脑，带来了什么样的长期后果呢？事实证明，影响竟然十分轻微。卡梅伦身体有一侧比较弱。但除此之外，她跟班上其他的孩子基本没什么区别。她在理解语言、音乐、数学和故事方面一点儿问题也没有。她成绩好，还参加运动。

这怎么可能呢？这并不是说卡梅伦有一半的大脑根本没用；相反，是她剩下的那一半大脑动态地重新接了线，接管了缺失的功能。从本质上讲，就是大脑在一半的大脑空间里强行开展双倍的运作。卡梅伦的痊愈突显了大脑的非凡能力：它对自己重新接线，以求适应输入、输出和手头的任务。

从这个关键角度看，大脑从根本上有别于人类数字计算机上的硬件。与硬件相反，大脑是有生命的软件，它能重新配置自身回路。虽然成年人的大脑不如蹒跚学步的婴儿的大脑灵活，但仍保留了惊人的适应和调整能力。一如前面的章节中所述，每当学习新东西时，不管是伦敦的地图还是叠杯，大脑都会改变自己。正是大脑的这一特性——可塑性，促成了技术和生物学的新结合。

我们的感官功能能否“更上一层楼”

我们已经逐渐变得比较擅长往身体里直接插入机器了。你或许并未意识到这一点，但如今，有数十万人使用着人工听觉和视觉设备生活。

依靠人工耳蜗，外部麦克风将声音信号数字化，馈送到听觉神经。同样，人工视网膜把来自摄像头的信号数字化，通过插入眼睛后面视神经的电极网格来发送信号。这些设备为失明和失聪的人们找回了感官。

从前，人们并不清楚这种做法是否可行。这些技术最初推出的时候，许多研究人员都心存怀疑：大脑的接线是这么精密而明确，金属电极和生物细胞之间真能开展有意义的对话吗？大脑能够理解粗糙的非生物信号吗，还是会被这些信号搞糊涂？

事实证明，大脑学会了解读这些信号。对大脑来说，习惯这些人工植入体，有点像是学习一种新语言。起初，外来的电信号难以理解，但神经网络最终从输入的数据里提取出了模式。虽然输入信号很粗糙、原始，但大脑想出了理解它们的途径。它会寻找模式，跟其他感官进行交叉对比。如果输入的数据里存在结构体系，大脑便将它搜索出来，经过几个星期，这些信息也变得有意义起来。尽管植入体提供的信号跟我们天生的感官略有不同，大脑仍然琢磨出了该怎样处理自己所得的信息。

大脑的可塑性令新输入可以得到阐释。这将开辟出什么样的感官体验前景呢？

我们来到人世间，人人都配备着一套标准的基本感官：听觉、触觉、视觉、嗅觉和味觉，还有诸如平衡、振动和温度感等。我们的传感器是人从环境中拾取信号的门户。

然而，正如第 1 章中所说，这些感官只允许我们体验到周围世界中极小的一部分。所有人体不具备相应传感器的信息源，对我们来说都不可获得。

我把我们的感官门户想成外围的即插即用设备。关键在于，大脑不知道数据从哪里来，它也不在乎。只要信息输入大脑，大脑就会想出办法去处理它。依照这种思路，我认为大脑就是一台通用运算设备：给它什么，它就按什么来运作。我的设想是：大自然母亲只需要一次性地创造出大脑运作原理，接着，就可自由自在地去设计新的输入通道了。

最终的结果是，我们熟悉、热爱的所有这些传感器，都仅仅是外围的即插即用设备。把它们插上去，大脑就能开始工作了。按照这种思路，进化不需要不断地重新设计大脑，只需要设计好外围设备，大脑自然会想出办法利用它们。

放眼动物王国，你会发现动物大脑应用着各种各样的外围传感器。蛇有热传感器；玻璃飞刀鱼（学名是青色埃氏电鳗）有电传感器，可阐释局部电场变化；奶牛和鸟类有磁场感受器，可根据地球磁场为自己定向。大多数动物可以看到紫外线，大象可以听到非常远处传来的声音，而狗则有着丰富的嗅觉体验。自然选择这一试炼场是终极的黑客空间，基因想出了种种办法把来自外部世界的数据导入内部世界。这样一来，进化构建出了能够体验不同现实片段的大脑。

我想要强调的是，我们习以为常的这些传感器，并没有什么根本的特别之处。经历了有着种种进化限制条件的复杂历史，我们配备上了这些传感器。可这并不是说，我们只能忍受它们的限制。

这一设想的原理，最主要的证据来自一个叫作"感官替代"的概念，它指的是，通过不寻常的感官通道来馈送感官信息，比如通过触觉来馈送视觉。大脑能计算出怎样处理信息，因为它并不太在乎数据是从什么样的途径输入的。

感官替代听起来科幻味十足，但其实早已得到了证实。1969 年，《自然》杂志上刊发了第一篇对此进行证明示范的文章。在该报告中，神经学家保罗·巴赫里塔（Paul Bach-y-Rita）揭示，失明的被试可以学会"看"物体，哪怕视觉信息是通过不寻常的方式馈送给他们的。盲人坐在一把改装过的牙科治疗椅上，来自摄像头的视频信号会转换成小活塞泵压的模式，压在他们的后腰上。换句话说，如果你在摄像头前放个圆环图形，那么，被试会感觉背后传来了圆环图形。在镜头前呈现一张脸，参与者会通过背部感觉到这张脸。不可思议的是，盲人逐渐得以阐释这些物体，还体验到物体在靠近过程中变得越来越大。至少在一定意义上，他们能够通过自己的背部来"看"。

这是第一例感官替代，在这之后有更多。一些更现代的感官替代是，把视频馈送成一道声音流，或者施加于前额或舌头上一系列的小幅震动。

一种名叫"大脑端口"（BrainPort）的邮票大小的设备，就是通过舌头传递视觉信息的例子。该设备的运作原理是通过舌头上的一小块网格向舌头传送小幅电击。盲人被试戴上附有小型摄像头的墨镜。摄像头的像素转换成电脉冲传导到舌头上，感觉起来有点麻酥酥的，类似碳酸饮料刺激舌头的那种感觉。盲人可以熟练掌握"大脑端口"的用法，在障碍道路上穿行，甚至把球扔进篮筐。盲人运动员埃里克·魏恩迈尔（Erik Weihenmayer）使用"大脑端口"攀岩，他根据舌头上的电脉冲信号，判断峭壁和裂缝的位置。

The Brain

人工视觉与听觉

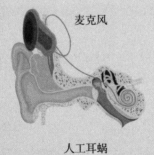

麦克风

人工耳蜗

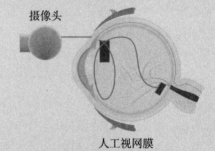

摄像头

人工视网膜

人工耳蜗避开了耳朵的生理问题，直接把音频信号发送到了未受损的听觉神经——这是大脑将电脉冲发送给听觉皮质进行解码的数据线。人工耳蜗拾取外部世界的声音，通过 16 个微小的电极，将声音传送给听觉神经。听觉体验不会立刻降临：人们必须学习阐释馈送给大脑的"外地方言"信号。一名植入了人工耳蜗的患者迈克尔·考罗斯特（Michael Chorost）这样介绍自己的体验：

"手术一个月之后，设备打开，我听到的第一句话像是'嗞嗞嗞嗞嗞嘶嗞嗞，嘶嗞唔嗞嗞，唔呃布嗞嗞'。我的大脑逐渐学会了怎样阐释这些陌生的信号，没过多久，'嗞嗞嗞嗞嗞嘶嗞嗞，嘶嗞唔嗞嗞，唔呃布嗞嗞'就变成了'你早餐吃了什么'。练习了几个月之后，我能再次使用电话了，甚至还能在嘈杂的酒吧和自助餐厅里跟人对话。"

人工视网膜也按类似的原理运作。人工视网膜植入体的微小电极避开了感光片层的正常功能问题，把极小的电活动直接发送出去。这些植入体主要用于光感受器退化，但视神经细胞仍然健康的眼疾。虽然植入体发送的信号并不完全是视觉系统惯常所用的信号，但下游过程能够学会提取视觉所需的信息。

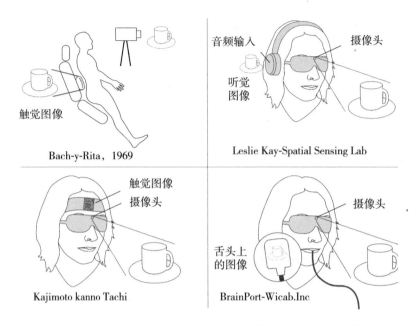

图中为 4 种通过不同寻常的感官通道向大脑传递视觉信息的方法：通过后背、耳朵、额头和舌头传送。

如果用舌头"看"听起来有点疯狂，那么你只要记住，"看"无非是电信号流入了你黑洞洞的头骨里。这通常是通过视神经实现的，但要说信息不能靠其他神经来承载，显然没道理。感官替代表明，大脑可以利用任何形式的输入数据，并想出办法来理解它。

我的实验室在进行一个建立平台促成感官替代的项目。具体来说就是，我们设计了一种可穿戴技术，名叫"可变超感官传感器"（Variable Extra-Sensory Transducer，简称 VEST，也叫"背心"）。"背心"可以穿在衣服里面而不被察觉，其上覆盖有微小的振动电机。这些电机把数据转换成动态振动模式，传送给整个躯干。我们用"背心"带给失聪人士听力。

使用"背心"5 天左右，天生失聪的人就能正确识别出口语词汇了。虽然实验仍处于初期阶段，但我们预计，等穿上几个月"背心"，用户便会产生直接的感知体验——基本上等同于"听"。

人通过躯干上变化的振动模式变得逐渐能"听"，这似乎有点奇怪。但正如牙科椅或舌端网格的例子，关键在于，只要能得到信息，大脑并不关心信息是怎么得到的。

人类需要 AI，还是更需要自身 AI 化

用感官替代来避开失效感官系统的方式很棒，但除了替代之外，如果我们能运用这一技术来扩展人类标配的感官，那会是什么样的呢？为此，我和我的学生目前正为人类增添新的感知能力，借此提升我们对世界的体验。

想想看：互联网上涌动着千万亿字节数量级的有趣数据，但如今，我们只能通过盯着手机或电脑屏幕来获得这些数据信息。如果你能将数据实时接入身体，让它们变成你对世界直接体验的一部分，那会是何等情形？换句话说，如果你能感觉到数据，那会怎么样？可以是气象数据、股票交易数据、推特数据、飞机驾驶舱数据，也可以是工厂状态数据——把这些全部编码成大脑可以学习理解的振动语言。在开展日常任务的过程中，你能够直接感知到 100 多千米外是不是在下雨，或者明天会不会下雪。又或者，你可以对股市情况培养起直觉，下意识地确认全球经济动态。你还可以察觉到整个社交网络范围内的热门内容趋势，并借助这种方式进入群体的"意识"中。

虽然听起来科幻味十足，但多亏了大脑提取信号模式的天赋（哪怕我们并未有意识尝试），我们离这样的未来并不太远。这就是我们能理解复杂数据并将之纳入对世界的感官体验的奥妙所在。就像阅读这一页的文字一样，吸收新数据会逐渐变得毫不费力。不过，和阅读不一样的是，新增的感知将成为吸收世界新信息的一条渠道，而且无须意识参与其中。

目前，我们还不知道大脑整合数据类型的极限在哪里，又或者是否存在极限。但很明显，人类不再只能困守着进化这一漫长的时间尺度，等着感官适应的到来。未来，我们会越来越多地自行设计对世界的感官门户，把自己接入扩展的感官现实中。

我们怎样感知世界，仅仅是故事的一半。另一半是我们怎样与世界互动。能不能和修正感官自我一样，借助大脑的灵活性来修正我们接触世界的方式呢？

来看看简·肖伊尔曼（Jan Scheuermann）吧。她患有一种名为脊髓小脑性共济失调的罕见遗传性疾病，连接大脑与肌肉的脊髓神经萎缩了。她能感觉到自己的身体，但动弹不得。她这样形容："我的大脑对胳膊说'抬起来'，但胳膊说'我听不见你说什么'。"因为身体完全瘫痪，她成了参与美国匹兹堡大学医学院一项新研究的理想人选。

研究人员将两条电极植入她的左侧运动皮质，这是大脑信号向下传到脊髓控制手臂肌肉之前的最后一站。研究人员检测她皮质里的电活动，用计算机翻译来理解她的意图，然后用她大脑的输出来控制一条全世界最先进的机械手臂。

肖伊尔曼大脑里的电信号被解码，仿生手臂遵从她大脑下达的命令。通过她的想法，机械手臂能准确地伸出，手指能够灵活地弯曲、张开，手腕也可以翻转、活动。

肖伊尔曼希望动机械手臂的时候，只需要想就可以了。她动弹手臂时，爱对它说话："抬起来。放下去，下去，下去。朝右，抓握，松开。"机械手臂便按她的吩咐行事。虽然肖伊尔曼把命令说出了声，但其实并无必要。她的大脑和机械手臂之间有着直接的物理连接。简报告说，她的大脑并未忘记怎样动弹胳膊，哪怕它 10 年都没让胳膊动过。"就像骑自行车一样。"她说。

肖伊尔曼熟练地指挥机械手臂，暗示了未来我们能利用技术提升并扩展自己的身体，我们不光可以替换肢体或器官，还可以改进它们：把它们从脆弱的人体结构升级成更耐用的材质。肖伊尔曼的机械臂只是未来仿生时代的最初迹象，等到了那个时代，我们将能控制比天生的皮肤、肌肉和骨头更强壮、更持久的设备。别的不说，这将打开太空旅行的全新可能性。我们如今这孱弱的身体，想要探索太空，未免配置有些低。

除了更换四肢，先进的脑机接口技术预示着更奇异的前景。想象一下，把你的肢体不断扩展，直到变得面目全非。先从这个设想开始：如果你可以用大脑信号无线控制房间那头的一台机器，那会怎么样？比如你一边构思回复电子邮件，一边用运动皮质操纵一台脑控的真空吸尘器。这个概念乍听起来不可行，但要记住，大脑十分擅长在后台执行任务，不需要占用太多有意识频段。你只要回想一下，一边开车一边跟乘客说话，同时旋转着收音机频道钮，对你来说是多么轻而易举。

只要有了合适的脑机接口和无线技术，便没有任何理由说人不能通过思想遥控起重机或铲车等重型机械，一如你能够三心二意地弹着吉他或用铲子挖土。感官反馈（比如视觉反馈，你看着机器怎样运动；甚至是将数据反馈进你的躯体感觉皮质，你将感觉到机器怎样运动）将提高你的此类能力。控制这些机械肢体需要不断练习，最初动作会有点笨拙，就如同婴儿要张牙舞爪好几个月才能学会怎样精确地控制自己的胳膊和腿。随着时间的推移，机器将成为你高效的额外肢体，它们通过液压或其他原理运作，拥有非凡的力量。这些机器感觉起来会逐渐变得跟你天生的胳膊或腿一样。它们无非是另一种肢体罢了，是我们自己的扩展延伸。

我们还不清楚，大脑能够学习整合的信息种类是否存在理论上限。说不定，我们可以拥有想要的任何类型的实体身躯，以想要的方式与世界进行任何类型的互动。你的扩展肢体完全可以在地球对面完成任务，或到月球采矿，而与此同时你自己正在地球上吃三明治。

The Brain

"背心"

　　为了向失聪人士提供感官替代，我和我的研究生斯科特·诺维奇（Scott Novich）一起开发了"背心"。这一可穿戴技术可以捕捉环境里的声音，将其投射到遍布躯干的小型振动电机上。电机根据声音的频率激活不同的振动模式。通过这种方式，声音变成了不同的振动信号。

　　起初，这些振动信号没有任何意义。但经过足够的联系，大脑就琢磨出该怎么处理数据了。失聪人士逐渐能够把躯干上的复杂振动模式转换成对他人所说内容的理解。大脑无意识地弄明白了该怎样解码振动模式，就类似盲人能学会毫不费力地解读盲文一样。

　　"背心"有望改变整个失聪群体。跟人工耳蜗不一样，它不需要进行外科手术。它的价格不到人工耳蜗的 1/20，可以推广到全球。

　　我们对"背心"更宏大的愿景是：不仅限于声音，"背心"还可以成为各种信息接入大脑的平台。

　　"背心"的实际使用视频可参见相关网站 eagleman.com。

我们天生配备的身体，只是人类的起点。在遥远的未来，我们不光能扩展自己的身体，还能扩展自我意识。随着我们吸收新的感官体验，控制新类型的肢体，我们作为个体的含义也将发生深刻变化：我们的"身体"决定了我们怎样感受、怎样思考，以及我们是什么人。如果这一标准版感知和标准版身体的限制被打破、扩展，我们就会成为不同的人。我们的曾曾曾曾孙一代人，说不定很难理解我们这一代人是怎么回事，什么东西对我们有着重要意义。在历史的这一刻，我们与石器时代祖先的共同之处，说不定比我们与将来后代的共同之处更多。

大脑中的信息能全部保存下来吗

我们已经开始扩展人的躯体，但不管这对人的提升有多大，始终有一个障碍难以回避：我们的大脑和身体是靠实体构建起来的，必然会状态恶化，会走向消亡。总有一天，你的所有神经活动会停止，接着，你华丽的意识体验也将走向终结。不管你认识谁、在做什么，全都没了意义——这是我们所有人的命运。事实上，这是所有生命的命运，只不过人类具有如此不同寻常的前瞻能力，知道自己会死让我们倍感痛苦。

不是所有人都甘愿受苦，有人就选择对抗死亡的恐惧。各地都有研究团体对此感兴趣，希望更好地理解人类的生物构造及运作，解决死亡问题。如果有一天，我们不用死了，那会是一番什么样的景象呢？

我的老友兼导师弗朗西斯·克里克火化时，我想了很久：他所有的神经物质都在火焰中灰飞烟灭，这是多么可惜啊。那颗大脑里包含了 20 世纪生物学界顶级人物毕生的知识和智慧啊。他一辈子的档案，包括他的记忆、洞见力、幽默感，全都存储在大脑这一实体结构当中，仅仅因为他的心脏停止了跳动，大家就一并把大脑这一硬盘驱动器也给扔掉了。这令我陷入了沉思：他大脑里的信息，能不能保存下来呢？如果保存好了大脑，一个人的思想、意识和人格能否还原复生呢？

过去 50 年，阿尔科生命延续基金会（Alcor Life Extension Foundation）一直在开发能让今天在世的人们以后享受第二次生命周期的技术。目前，该组织深度冷冻保存了 129 人，停止他们身体的生物腐烂过程。

以下是冷冻保存的工作原理：有意者先把自己签好的人寿保险单移交给该基金会，这样，等此人被合法宣布死亡之时，阿尔科生命延续基金会就出动了，他们派出小组去处理尸体。

小组成员到达后，立刻将尸体转入冰浴。在所谓的"冷冻保护灌注"过程中，随着尸体冷却，他们使用 16 种不同的化学物质来保护细胞。接着，将尸体尽快运送到阿尔科手术室，完成最后的处理。电脑控制风扇，吹入极低温的氮气，冷却尸体，目标是把尸体的所有部分都尽量快地冷却到零下 124 摄氏度以下，尽量避免结冰。这个过程大约需要 3 小时，最后，尸体内部"玻璃化"，也即达到了稳定的无冰状态。在接下来的两个星期里，尸体将进一步冷却到零下 196 摄氏度。

不是所有客户都选择全身冷冻的。只保存头部比较便宜。这需要在外科手术台上把尸体的头部和身体分离开来，把血液和体液都洗掉，然后，代替以能将细胞组织固定在原位的液体，和保留全身的客户一样。

在处理的最后环节，客户的尸体被放入名叫"杜瓦瓶"的巨型不锈钢容器里的超冷液体当中。他们会在这里待很长一段时间。今天，这个星球上还没有任何人知道怎样成功解冻、唤醒这些冻结的居民。但这并不是问题的关键。人们希望，总有一天会出现能精细地解冻、唤醒这群人的技术。可以想见，遥远的未来文明会运用技术治愈肆虐在这些身体上的疾病，让他们重新活过来。

阿尔科的会员们理解，唤醒他们的技术有可能永远也不会出现。每个蜗居在阿尔科杜瓦瓶里的人，都经历了信仰上的飞跃，他们希望有一天科技真能将自己解冻、唤醒，赋予他们第二次生活的机会。可这笔投资也是一场赌博，赌的是未来能否开发出必需的技术。我采访了该群体的一员，他正等着时机成熟时进入杜瓦瓶，他承认这一设想本身就是在打赌。不过，他指出，至少它给了自己战胜死亡的可能，总比其他完全没机会的人好。

每一尊杜瓦瓶里都贮藏着 4 具尸体，以及至多 5 颗头颅，贮藏温度均为零下 196 摄氏度。

运营该机构的马克斯·莫尔（Max More）博士并不使用"不朽"这个说法。相反，他表示，阿尔科是给人第二次生命的机会，使人有望活上数千年，甚至更久。但在那时到来之前，阿尔科就是他们最后的安息之地。

用计算机模拟人类意识，有没有意义

不是所有渴望延长生命的人都喜欢被冷冻保存的。有些人顺着另一条思路在想：有没有其他方式可以提取存储在大脑里的信息呢？不必让死者复生，而是想办法把数据直接读取出来。毕竟，大脑繁杂的亚微观结构包含着你所有的知识和记忆，难道它就不能被破译吗？

让我们来看看怎样才能实现这一点。比较重要的是，我们需要非常强大的计算机来存储一颗大脑的详尽数据。幸运的是，当今计算机运算能力的指数级增长，暗示这大有可能。此前 20 年，计算机运算能力增长了 1 000 多倍。计算机芯片的处理能力每 18 个月翻一番，而且这一趋势仍在继续。当今时代的技术，允许我们存储庞大得超乎想象的数据，进行海量的模拟运算。

鉴于我们的计算机有如此强大的运算潜力，也许总有一天，我们能够把人类大脑扫描复制到计算机的基体上去。这种可能性在理论上没有任何障碍，不过，我们要从现实的角度去理解相关的挑战。

一颗正常的大脑有 60 亿~80 亿个神经元，每个神经元要建立近一万条连接。它们的连接方式非常特殊，人人不同。你的经历、你的记忆，所有让你之所以成为你的东西，通过神经细胞之间数千万亿条连接的独特模式表现出来。这一模式，庞大得超过了我们能理解的范围，可概括地称为你的"连接体"。普林斯顿大学的承现峻（Sebastian Seung）博士正带领团队想要绘制这一连接体。

20 年前，这台超级计算机的运算力，相当于地球上的所有计算机的总和。20 年后，它会变得相当一般，类似你能把它卷起来穿戴到身上的那种小型设备。

The Brain

法律死亡与生物死亡

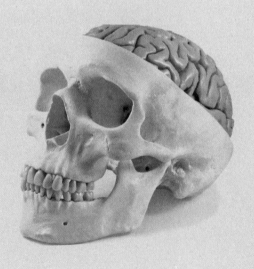

　　人的大脑临床死亡或身体出现不可逆转的呼吸循环停止时，则宣告其拥有者法律死亡。大脑所有参与更高级功能的皮质都终止活动，才能宣告大脑死亡。大脑死亡后，生命机能仍可维持到器官捐赠或遗体捐赠，这对阿尔科来说非常关键。对照来看，生物死亡则是在无干预状态下发生的，整个身体的细胞都死亡了，不管是其他器官里的还是大脑里的，也就是说，这时的器官已不再适合捐赠。没有血液循环供氧，身体的细胞就会迅速死亡。为以最低降解形态保住尸体和大脑，必须尽快阻止细胞死亡，至少也要暂时减缓其死亡速度。此外，在冷却过程中，防止形成冰晶是头等大事，因为结冰会破坏细胞脆弱的结构。

　　面对如此精细又复杂的系统，绘制出它的连接网络是极其困难的。为了达到这个目的，承博士使用的是串行电子显微镜。他先用极为精准的刀片，将大脑组织切成一系列非常薄的切片（目前用的是老鼠的大脑，而非人的大脑）。每一切片又细分成更小的区域，再用功能极为强大的电子显微镜进行扫描。每次扫描的结果，就是所谓的"电子显微镜照片"，它代表的是放大 10 万倍的大脑局部。只有达到这么高的解析度，才有可能辨认出大脑的精细特征。

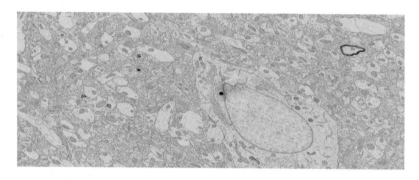

连接体切片：这些惊人的二维图片，就是理解当今世界最复杂的回路图的第一步。小黑点是一个细胞内的 DNA。你看到的小圆圈，是携带神经递质的球状小泡。

　　等这些切片都存入计算机后，更艰难的工作就开始了。人们每次在一个非常薄的切片上，描绘出其中细胞的边界。这一描绘工作，传统上由人工完成，但眼下越来越多地交给计算机算法。接着，把描绘好的图像一个个地叠加起来，尝试把横跨多个切片的单个细胞恢复成三维尺度中的完整模样。通过这种辛苦的方式，模型建立起来，揭示出哪个细胞跟哪个细胞相连。

　　如此错综复杂、交错纽结的连接，来自边长为几十亿分之一米、大约一个针尖大小的脑组织。不难看出，重建人类大脑所有连接的全貌这一任务为什么会如此艰巨，什么时候完成也没有切实的指望。涉及的数据量异常庞大：光是存储一颗人类大脑的高分辨率结构，就需要泽字节（zettabyte，1ZB = 1 000 000 000TB）的容量，其大小相当于此刻地球上的所有数字内容。

来自小鼠的这么一小块大脑组织，包含着大约 300 条连接，也就是突触。这一块的体积，代表小鼠完整大脑的二十亿分之一，约为人类大脑的五万亿分之一。

让我们放眼遥远的未来，想象有一天你的连接体被完整地扫描了出来。这些信息就足够代表你了吗？这张你所有大脑回路的快照，真的能够拥有意识，尤其是你的意识吗？恐怕不能。说到底，向我们表明哪些细胞连接在一起的回路图，只是大脑运作魔法的一半而已。另一半是这些连接上发生的电化学活动。思想、感觉和意识的炼金术，来自大脑细胞每秒钟所进行的千万亿次互动：化学物质的释放，蛋白质形体的变化，电活动顺着神经元的轴突一波波地传导。

想想连接体有多庞大，再乘以每一条连接每一秒所进行的无数活动，你大概能明白问题是何等复杂了。有一点很遗憾：人类大脑是无法理解这么庞大复杂的系统的。但也有一点很幸运：我们的计算机运算力正朝着正确的方向发展前进，直至最终能开启一重可能的大门——对系统进行模拟。而接下来的挑战不光是读取数据，还要让模拟系统运行起来。

The Brain

技术变革的步伐

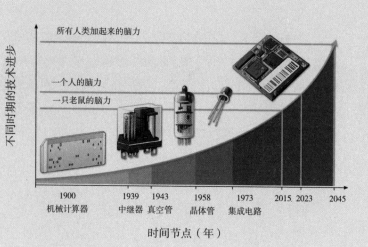

1965 年，计算机巨头英特尔公司的联合创办人戈登·摩尔（Gordon Moore）对运算能力的发展速度做出了预测。"摩尔定律"预测，随着晶体管变得更小、更精确，计算机芯片上可容纳的晶体管数量每两年翻一番，运算能力将随着时间的推移呈指数增长。在过去数十年里，摩尔的预测始终成立，并成为技术变革速度指数增长的代名词。计算机产业用摩尔定律指导长期规划，为技术进步设定目标。由于定律预测技术进步是指数增长而非线性增长，有人进而预言，未来几百年的进步按今天的发展速度来看相当于两万年的进步。按照这样的速度，我们有望看到今天所依赖的技术实现巨大飞跃。

瑞士洛桑联邦理工学院的一支研究团队，就正在着手进行这样的模拟。他们的目标是，到 2023 年拿出一套能够模拟运行整个人脑的软硬件基础设备。该项目名为人类脑计划（Human Brain Project），是一项雄心勃勃的研究任务，从世界各地的神经科学实验室收集数据，这就包括个别细胞的数据（细胞的内容及结构），到连接体的数据，再到神经元群组大规模活动模式的信息。慢慢地，各种实验所得出的每一项新发现，都为这一巨幅的拼图拼上了微小的一块。人类脑计划的目标是以真实的神经元结构和行为方式来实现大脑模拟。尽管这一目标雄心勃勃，欧盟也提供了超过 10 亿美元的资金，但模拟人类大脑至今还遥不可及。眼下的目标只是建立大鼠的脑模拟。

人类脑计划：瑞士的一支大型研究团队正在汇总来自世界各地的实验室数据，以求模拟整个大脑。

映射并模拟完整的人类大脑，这段漫长的征途，我们才刚刚开始走，但从理论上看，并没有达不到终点的理由。不过这里有一个关键的问题：大脑的模拟会有意识吗？如果正确地捕获细节并进行模拟，我们能够得到一种有感知的生命吗？它能思考吗？它拥有自我意识吗？

人类能否创造出新智能

　　一如计算机软件能够在不同的硬件上运行，意识的软件也可能在其他平台上运行。不妨想想以下这种可能性：如果生物神经元本身并没有什么特别之处，相反，是神经元的沟通方式造就了一个人，那会带来什么样的结果呢？这样的前景，叫作"大脑的计算假说"（computational hypothesis of the brain）。该假说认为，神经元、突触和其他生物物质并不是决定性成分：关键的是它们所执行的运算。可能大脑的实体是什么并不重要，重要的是它所做的事。

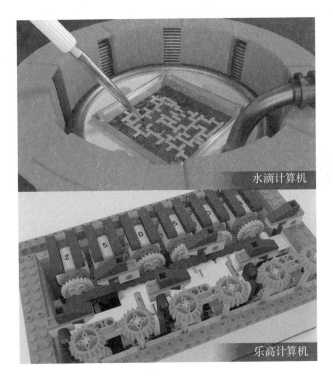

运算设备不一定非得是硅做的，用移动的水滴或者乐高玩具做也行。重要的不在于计算机由什么构成，而在于计算元件怎样互动。

The Brain

串行电子显微镜及连接体

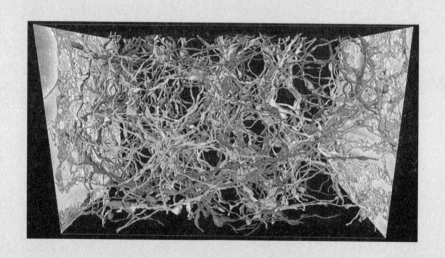

大脑细胞把来自环境的信号转换成电化学信号。这是大脑接入外部世界信息的第一步。

追踪如茂密丛林般的数十亿相互连接的神经元，需要专门的技术，以及全世界最锋利的刀片。一种名叫"串行块面扫描电子显微镜"的技术，能用极小的大脑组织切片，生成高分辨率的完整神经通路的 3D 模型。这是第一种能生成纳米级（1 纳米是 1 米的十亿分之一）分辨率的大脑 3D 图像的技术。

就像熟食切片机一样，安装在扫描显微镜内的高精度金刚石刀片把一小块大脑组织切成一层一层的，生成一部幻灯片，幻灯片的每一帧就是一张超薄切片。电子显微镜将切片逐一扫描。接着，扫描结果一层一层地进行数字叠加，创建原始大脑组织块的高分辨率 3D 模型。

跟踪各切片的特征，得出了纵横交错、相互交织的神经元丛林模型。考虑到神经元的平均长度介于 1 米的十亿分之四到十亿分之一百，并有 10 000 条不同的分支，这是一项艰巨的任务。制作出完整的人类大脑连接体模型，预计要用数十年时间才能完成。

The Brain

大鼠的脑

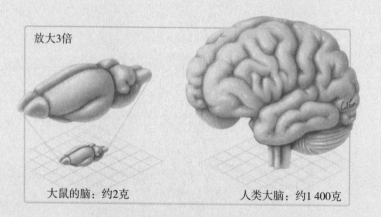

放大3倍

大鼠的脑：约2克　　　　　人类大脑：约1 400克

在人类历史上的大部分时间里，老鼠的名声很糟糕，可对现代神经科学来说，大鼠和小鼠在许多研究领域都发挥着至关重要的作用。大鼠的脑比小鼠的略大，但两者都跟人类大脑存在重要的相似之处，尤其是大脑皮质的组织方式。大脑皮质是参与抽象思维的重要外层。

人类大脑的外层，也就是大脑皮质，反复地折叠，以求让头骨能容纳更多。如果你把一个普通成年人的大脑皮质展平，能有足足 2 500 平方厘米，相当于一块小桌布。与此相反，大鼠的脑是完全平滑的。尽管在外观和尺寸上存在这些明显差异，但人类和大鼠的大脑，在细胞层面上有着基本的相似点。

在显微镜下几乎无法判断大鼠神经元和人类神经元之间的差异。两者大脑的接线方式相差无几，并且都经历了相同的发展阶段。研究人员可以训练大鼠执行认知任务，如分辨气味、在迷宫里找路，从而将大鼠神经活动的细节与具体的任务关联起来。

如果确实如此，那么从理论上讲，你就可以在任何基板上运行大脑。只要运算按正确的方式推进，你所有的思想、情感和复杂活动就都能产生，成为新材料里复杂沟通的产物。就理论而言，你可以把细胞换成电路，把氧气换成电：只要所有的要素和零件正确地连接互动，载体是什么不重要。通过这种方式，我们也许能"运行"你的完整模拟，不需要生物大脑。按照大脑的计算假说，这样的模拟真的可以就是你。

大脑的计算假说仅仅是个假说，我们还不知道它是真是假。毕竟，大脑神经系统里说不定有什么特殊的东西尚未被揭示，如果是这样，我们就只能坚守自己天生配备的生物身体了。但如果计算假说真的是正确的，那么思想就可以生活在计算机里了。

如果模拟思想真的是可行的，就会带来另一个问题：我们还需要复制传统生物方式的思想吗？我们有没有可能去自己发明，从无到有地创造出不同的智能呢？

计算机真的能思考吗

人们付出了很长时间的努力，想要创造一台能思考的机器。人工智能这条研究路线，至少在 20 世纪 50 年代就出现了。尽管最初的拓荒者心态乐观，但事实证明，这个问题难得出人意料。尽管我们很快就能推出自动驾驶的汽车，计算机首次击败人类国际象棋大师距现在也有几十年了，但制造出真正有感知的机器的目标尚未实现。我小时候以为，我们很快就能制造出能跟人类互动的机器人，照料我们，参与有意义的对话互动。可如今，我们距离这样的结果还非常遥远，这充分说明大脑功能之谜是多么深奥，我们解码大自然之母的秘密更是遥遥无期。

英国普利茅斯大学进行了创造人工智能的最新一次尝试。他们制造出一种人形机器人，叫作 iCub，按照设计和工程学，它会像人类婴儿那样学习。传统上，机器人要预先编程，掌握完成相关任务所需的知识。但如果机器人能发展出人类婴儿那样的学习方式——通过与世界互动，通过模仿榜样来学习，那会是什么样呢？毕竟，婴儿来到这个世界时不知道怎么说话，也不知道怎么走路，但他们有好奇心，他们关注，他们模仿。婴儿把自己置身的世界视为教科书，通过模仿榜样来学习。机器人不能也这么做吗？

iCub 的个头相当于两岁的孩子。它有眼睛、耳朵和触觉传感器，让它能跟世界互动，进行学习。

如果你给 iCub 展示一件新东西，并说出它的名称，比如"这是一个红色的球"，计算机程序会把物体的视觉形象跟口语标签关联起来。所以，下一次你再拿出红色的球，并问："这是什么？"它会回答："这是一个红色的球。"研究人员的目标是，让机器人在每一次互动当中逐渐积累知识，填充知识库。通过在自己的内部代码中进行调整和连接，它能够发展出一套合适的反应技能。

艾伦·图灵在 1950 年说："与其尝试设计程序模拟成年人的思想，为什么不试试设计模拟孩子思想的程序呢？"在世界各地的研究实验室里有很多相同的 iCub，它们使用一套相同的平台，能够将学习所得汇集起来。

iCub 经常把事情搞错。如果你展示好几个物体，说出它们的名称，再让 iCub 逐一把名称说出来，它会犯好几次错误，并多次回答"我不知道"。这是整个过程的一部分。这也表明建立智能到底有多困难。

我花了相当多的时间跟 iCub 互动，这是一个让人印象很深的项目。但我在那里的时间越长，我就越是明显地发现，这个项目并未带来"思想"。尽管 iCub 有着一对大眼睛、友好的声音和孩子般的动作，可它没有感知。它靠一行行的代码运行，而非思想。而且，哪怕我们仍然处在人工智能的初级阶段，人们还是会情不自禁地思考一个古老而深刻的哲学问题：一行行的计算机代码真的能思考吗？ iCub 可以说出"红色的球"，可它真的能够理解红色或者球形的概念吗？计算机是只能按照程序来做事，还是真能拥有内部体验呢？

计算机能够通过编程获得意识和思想吗？ 20 世纪 80 年代，哲学家约翰·瑟尔（John Searle）提出了一项思想实验，准确地切中了这个问题的核心。他称该思想实验为"中文屋论证"（Chinese Room Argument）。

具体是这样的：我被关在一个房间里，一个窄窄的投递口里传来给我的问题——它们全都是用中文写的。我不会中文，我对纸上写的是什么东西毫无头绪。然而，在这个房间里，我拥有一座图书馆，它们包含了逐步的指示，告诉我该怎么处理这些符号。我观察符号的组合，按照书上说的步骤，抄写对应的中文符号作为回复。我把它们写在纸条上，通过投递口传回去。

外面说中文的人收到我回复的信息，完全能够理解信息的意思。在他看来，房间里的人完美地回答了他的问题，因此，很明显，房间里的人肯定是懂中文的。当然，我欺骗了他，因为我只是按照一连串的指示在做，我根本不明白到底是怎么回事。有了足够的时间、足够庞大的指令集，我可以回答任何用中文对我提出的问题。但身为操作员的我，并不懂中文。我整天操纵符号，但我并不知道这些符号的意思。

瑟尔认为，这正是计算机内部发生的情况。无论 iCub 一类的程序显得多么聪明，都只是在按照指令集输出答案，它操纵符号，却并不真正理解这是在干什么。

在中文屋论证思想实验里，房间里的人按照指示操作符号。这骗过了一个以中文为母语的人，让他认为房间里的人懂中文。

搜索引擎也是如此。你向搜索引擎发送查询请求，它并不理解你的问题，也不理解它自己给出的答案：它只是围绕逻辑门里的 0 和 1 运作，最终返给你 0 和 1 构成的答案。还有"谷歌翻译"，它是一款令人大开眼界的程序，我用斯瓦希里语说一句话，它能向我传回匈牙利语的译文，但这靠的全是算法。这无非是符号的操作，就像中文屋里的那个人一样。"谷歌翻译"对句子完全不理解，对它来说，句子没有任何意义。

中文屋论证思想实验表明，我们开发了模拟人类智能的计算机，可它们并不真的理解自己在说什么。它们所做的任何事情，都不具备意义。瑟尔用这一思想实验指出，如果我们单纯让数字计算机去模拟人类大脑，关于人脑的有些事情会找不出解释。没有意义的符号和我们的意识体验之间存在着一道鸿沟。

围绕中文屋论证思想实验如何阐释，学界尚存在争论，但不管怎么分析说明，这一思想实验都暴露出，要想从物理零部件中制造出人类对世界的鲜活体验，是一件无比困难的事，也是一件无比神秘的事。每一次尝试模拟或创造类人智能，我们都要面对神经科学上一个核心的未解之谜：数十亿个简单的大脑神经元，怎样通过运作生成了"我存在"的丰富主观体验——疼痛的刺感、红色的鲜艳、葡萄的味道？毕竟，大脑细胞也无非是细胞，它们按照局部规则执行基础的操作。究其本身，它做不了太多事情。那么，这数十亿个细胞累加起来怎么就变成了"我之为我"的主观体验了呢？

意识能摆脱大脑独立存在吗

1714 年，莱布尼茨提出，单靠物质永远也不可能产生思想。莱布尼茨是德国哲学家、数学家兼科学家，有时还被称为"最后一个百科全书式的人"。在莱布尼茨看来，单有大脑的组织结构，是不存在内在生命的。他提出了一项如今被称为"莱布尼茨磨坊"的思想实验。想象有一座巨大的磨坊，如果你走进这座磨坊，你会看到齿轮、支柱和杠杆全都在运动，但要说磨坊在思考、在感觉、在察知，那就太荒唐了。一座磨坊怎么可能谈恋爱呢？怎么可能欣赏夕阳呢？磨坊只是由各种零件构成的。因此，莱布尼茨主张，大脑也一样。如果你把大脑扩展到磨坊大小，在里头溜达溜达，你能看得见的也只有零部件。没有什么明显的区域对应着感知。每一样东西无非是作用于另一样东西。如果你记录下每一次互动，也看不出思想、感觉和感知到底驻留在什么地方。

观察大脑内部，我们看到了神经元、突触、化学递质、电活动。我们看到了数十亿活跃的、叽叽喳喳的、热热闹闹的细胞。"你"在哪里呢？你的思想在哪里？你的情绪在哪里？幸福的感觉、红这种颜色在哪里？你怎么可能是由单纯的物质构成的呢？在莱布尼茨看来，意识似乎是无法用机械原理来解释的。

有没有可能，莱布尼茨的观点里忽视了什么东西？观察大脑的各个零部件，他或许错过了某个机窍。或许，在磨坊里漫步的类比，并不适合回答意识这个问题。

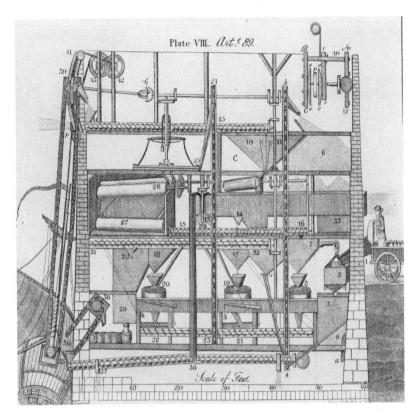

磨坊有着互动的机械零部件，但不会有人提出磨坊在思考。那么，既然大脑同样由零部件构成，它的魔法到底是在哪里施展的呢？

要理解人类意识，或许不该从大脑零部件的角度去思考，而要着眼于这些组件怎样互动。如果我们想看看简单的零件怎样产生一种比自己更宏大的东西，蚁丘就是离我们很近的例子。

南美洲的切叶蚁的一口巢里有数百万成员，它们自己种植食物。和部分人类一样，它们是农民。一些蚂蚁从蚁巢出发，寻找新鲜植物，找到以后，便把大块的叶子咬碎，背回蚁巢，但并不吃掉。体格较小的工蚁把叶子碎片咬成更小的碎片，用来作为肥料，培养地下"大菜园"里的真菌。蚂蚁喂养真菌，真菌长出子实体（fruiting bodies），供蚂蚁稍后吃掉。两者结成紧密的共生关系，真菌不能再自行繁殖，完全依靠蚂蚁传播。因为采用这种成功的养殖战略，蚂蚁在地下建立了庞大的巢穴，这种巢穴有时甚至扩展覆盖数百平方米。和人类一样，它们有着完善的农业文明。

重要之处在于，虽然蚁群就像是能完成非凡壮举的超级有机体，但每一只蚂蚁的个体行为十分简单。它只是遵循局部规则。蚁后并不下达命令，不从上至下地协调行为。相反，每只蚂蚁根据来自其他蚂蚁、幼虫、侵入者、食品、垃圾、树叶等的局部化学信号做出反应。每一只蚂蚁都是一个小的自主部件，根据局部环境，以及自己所属品种的遗传编码规则采取行动。

尽管缺乏集中的决策，南美切叶蚁群却表现出了看似极其复杂的行为。除了耕种，它们还会寻找离蚁巢所有入口都最远的地方处置死尸，这可是一个非常复杂的几何问题。

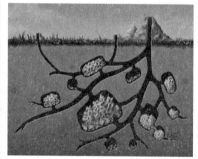

每只切叶蚁只进行局部沟通，完全不理解大局。但在蚁群的层面上，出现了复杂的响应式农业活动。

最重要的一点是，蚁群的复杂行为并不来自个体的复杂性。每一只蚂蚁并不知道自己是一个成功文明的组成部分，它只负责运行自己简单的小程序。

当足够多的蚂蚁聚集到一起，超级有机体就出现了，它有着比自身基本零部件远为复杂的集体性质。这种现象叫作"涌现"，指的是简单的单位以合适的方式互动，便出现了更宏大的整体。

蚂蚁之间的互动是关键，大脑里的情况也一样。单个的神经元就是一个专用细胞，和你身体里的其他细胞一样，神经元的部分专门用途令它可以处理和传播电信号。像蚂蚁一样，单个大脑细胞终生都只运行局部程序，细胞膜承载电信号，时机一到就释放神经递质，并接受由其他细胞放出的神经递质。就是这么简单。大脑细胞生活在黑暗之中。每个神经元一辈子都嵌在其他细胞的网络当中，简单地对信号做着回应。它不知道自己是在参与移动你的眼睛阅读莎士比亚的作品的任务，还是移动你的双手演奏贝多芬的乐曲的任务。它对你没什么认识。虽然你的目标、意图和能力完全依赖于这些小小神经元的存在，可它们生活在一个更小的层面上，对它们自己合力构建的东西并无觉察。

不过，只要有足够多的基本脑细胞聚集到一起，以正确的方式互动，意识就涌现了。

有着涌现性质的系统随处可见。飞机上没有任何一块金属具备飞行的能力，但当你把零件以合适的方式组装到一起，飞行就涌现了。一套系统的零部件可以相当简单，关键在于它们之间的互动。在许多情况下，零部件本身可以替换。

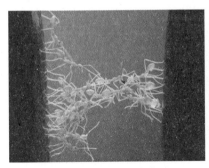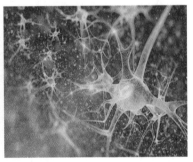

蚂蚁和神经元一辈子都按局部规则生活。不知情的蚂蚁促成了蚁群的复杂行为，而神经元造就了我们。

虽然理论细节尚未确定，但意识似乎是从大脑数十亿零部件的互动里涌现而来的。这引出了一个根本性的问题：任何有着大量互动零部件的东西，都能涌现出意识吗？比方说，一座城市是有意识的吗？毕竟，城市也是建立在大量元素互动之上的。想想看，城市里涌动着各种信号：电话线，光纤线，下水道，人之间的每一次握手，每一盏交通信号灯，等等。城市互动的规模，可以跟人脑相提并论。当然了，很难知道城市是不是真的有意识。它怎么告诉我们呢？我们又怎么问它呢？

为回答这类问题，我们需要引出一个更深层次的问题：一套网络要体验到意识，除了大量零部件还需要些什么呢？难道说还有一种非常特殊的互动结构？

威斯康星大学的朱利奥·托诺尼（Giulio Tononi）教授刚好致力于回答这个问题。他对意识提出了一个量化界定。他认为，只有互动的零部件还不够，互动之下还必须存在某种组织安排。

为在实验室环境下研究意识，托诺尼使用经颅磁刺激来比较大脑清醒和深度睡眠时的活动。（我们在前文提到过，深度睡眠时你的意识消失了。）他和团队通过在大脑皮质上引发一道电流，以跟踪电活动的传播。

如果被试是清醒的、有意识的，那么从经颅磁刺激脉冲的焦点会扩散出一套复杂的神经活动模式。电活动的涟漪持久而漫长，扩散到不同的皮质区域，表明整个网络的连接四通八达。相反，如果被试处在深度睡眠当中，同样的经颅磁刺激脉冲就只能激活非常有限的局部区域，而且活动很快平息。网络失去了大部分的连接。同样的结果，也出现在处于昏迷状态的人身上：电活动扩散极弱，但几周内随着当事人逐渐恢复意识，活动会扩散得更为广泛。

托诺尼认为，这是因为，人清醒且存在意识时，不同皮质区域有着广泛的沟通；反过来说，深度睡眠时人处于无意识状态，各区域间则不存在沟通。按照这一理论框架，托诺尼认为，意识系统需要一种完美的平衡：既要有足够的复杂性来呈现极为不同的各种状态（这叫作"分化"，differentiation），也要有足够的连通性，让网络中距离遥远的部分彼此紧密沟通（这叫作"整合"，integration）。使用这一框架，可以量化整合和分化之间的平衡。他提出，只有在合适范围内的系统才会涌现意识。

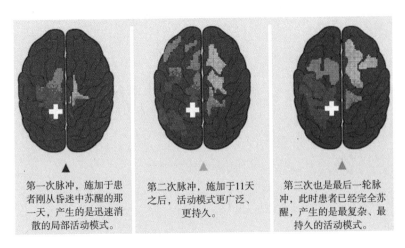

第一次脉冲，施加于患者刚从昏迷中苏醒的那一天，产生的是迅速消散的局部活动模式。

第二次脉冲，施加于11天之后，活动模式更广泛、更持久。

第三次也是最后一轮脉冲，此时患者已经完全苏醒，产生的是最复杂、最持久的活动模式。

意识活跃程度越高，相应地，电活动的传播就越广泛。

　　如果这套理论是正确的，那就能对昏迷患者的意识水平进行非侵入式的评估了。它兴许还能让我们判断无生命系统是否存在意识。因此，一座城市是否存在意识这个问题的答案是：它取决于信息流是否以合适的方式得到了安排，分化和整合的量必须要恰到好处。

　　托诺尼的理论符合人类意识有可能摆脱其原本生物实体的设想。按照这种观点，虽然意识由大脑而生，但它并不一定必须以有机物质作为基础来构建。只要零部件互动的组织方式正确，用硅生成意识应该很容易。

我们距"超人类"时代还有多远

　　如果大脑的软件才是思想的关键因素，而不是硬件细节，那么从理论上说，我们可以把自己从身体基板上转移出去。有了足够强大的电脑模拟大脑互动，我们就可以把自己上传。我们可以运行自己的模拟系统，摆脱人类原本的生物性的神经系统，成为数字化的非生物存在。这将成为人类历史上最重要的飞跃，并把我们推入"超人类"的时代。

The Brain

意识和神经科学

让我们稍微想一想私密的主观体验，即只在某个人脑内上演的戏码。举例来说，我一边看着日出一边吃桃子，你不可能知道我内心的体验到底是什么样子的，你只能根据自己的经验来揣度。我的意识体验是我自己的，你的意识体验则是你的。那么，怎样才能用科学的方法来研究意识体验呢？

最近几十年，研究人员着手阐释意识的"神经关联"（neural correlate），也就是当人经历某一特定体验时大脑活动的具体模式，并且这种具体模式只在人经历该体验时出现。

以上页这幅鸭子／兔子歧义图为例。就像第 4 章里的老太太／年轻女性图一样，这幅图的有趣之处在于，你同一时间只能体验到一种阐释，而不能同时体验两种阐释。故此，当你体验到兔子的瞬间时，你大脑里的活动特点到底是什么样的？在你切换到鸭子之后，大脑的活动有哪些不同？画面并没有改变，所以唯一发生变化的必然是生成你意识体验的大脑活动细节。

想象一下，把身体抛下，进入模拟世界，进入一种新的存在状态，会是什么样子呢？你的模拟存在里的生活说不定正如你所期望的那样。程序员可以为你创造出任何虚拟世界，你能在虚拟的世界里飞翔，生活在水下，或是感受到另一个星球的微风拂面。我们可以按自己想要的速度，或快或慢地运行虚拟大脑，这样，我们的意识可以跨越时间的长河，也可以把运算时间里的几秒钟变成数十亿年的体验。

上传自己的技术障碍之一是，模拟大脑必须要有能力自我更改。我们不光需要零部件，还需要它们不断进行的实际互动，例如，转录因子进入细胞核并形成基因表达的活动，突触所在位置和强度的动态变化，等等。如果你的模拟体验不能改变模拟大脑的结构，你就无法形成新的记忆，也对时间的流逝没有感知。在这种情况下，不朽又有什么意义呢？

如果事实证明上传自己是可行的，那么就开启了进入其他星系的可能性。我们的宇宙当中至少有 1000 亿个其他星系，每个星系都包含着上千亿颗恒星。我们已经辨识出了数千颗绕那些恒星运行的系外行星，其中一些行星的环境条件跟地球的很类似。棘手的地方是，以我们现在的血肉之躯是没有办法前往那些系外行星的，眼下没有任何方法能让我们在如此广阔的空间中旅行。

然而，你可以暂停模拟系统，把它发射进太空，等 1000 年之后它到达某个星球时再重启。那么，从你的意识中看，你先是在地球上，然后被发射进太空，转瞬就来到了一个新的星球。上传就相当于实现了物理学上的梦想，找到了虫洞，在主观的一瞬间里，从宇宙的一个地方前往到达了另一个地方。

"庄周梦蝶"还是"蝶梦庄周"

或许，你为自己的模拟所选择的世界，与你当下在地球上的生活很类似，这个简单的想法让一些哲学家开始琢磨：我们是不是已经生活在模拟当中了呢？

虽然这个念头似乎荒诞不经，但我们已经知道，人是很容易受到愚弄的：每一天晚上，我们都进入睡眠状态，做各种奇怪的梦，置身于梦境中时，我们完全相信梦中的世界是真实的。

现实或许并不像我们以为的那样，这样的观点并不新鲜。2 300 年前，中国哲学家庄子梦见自己是一只蝴蝶。醒来后，他开始思考这个问题：我怎么知道到底是我庄子梦见自己变成蝴蝶，还是反过来，其实我本来是一只蝴蝶，做梦变成了庄子呢？

《庄子·齐物论》载："昔者庄周梦为胡蝶，栩栩然胡蝶也。自喻适志与！不知周也。俄然觉，则蘧蘧然周也。不知周之梦为胡蝶与？胡蝶之梦为周与？"
（从前有一天，庄周梦见自己变成了蝴蝶，一只翩翩起舞的蝴蝶。他非常快乐，悠然自得，不知道自己是庄周。突然间梦醒了，惊惶中才意识到自己是庄周。不知是庄周做梦变成了蝴蝶呢，还是蝴蝶做梦变成了庄周呢？）

211

The Brain

上传之后，还是你吗

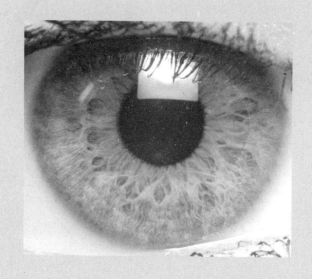

如果生物算法才是使我之所以为我的关键部分，而非实体物质，那么，有可能在未来某一天，我们真的能够复制自己的大脑，并上传，然后在二氧化硅里永远活下去。但这里有一个重要的问题：那真的是你吗？不完全是。上传的副本拥有你所有的记忆，也相信自己就是你，那个站在计算机外面、你身体里面的"你"。不过，奇怪的部分来了：如果你死了，我们一秒钟之后把模拟打开，这就成了转移。这跟系列科幻片《星际迷航》（*Star Trek*）里的场景没什么不同：一个人先是分解，过了一会儿再重建新版。上传说不定跟你每天晚上睡觉的情形差不多：你体验到一场意识的"短暂死亡"，第二天从你枕头上醒来的那个人继承了你的所有记忆，相信他就是你。

法国哲学家笛卡尔也曾纠结于同一个问题的不同版本。他想知道，我们到底能不能知道自己所体验的是真正的现实。为了更清晰地阐明问题，他提出了一项思想实验：我怎么知道自己不是罐中之脑？或许有人在刺激大脑来让我相信，我在此地，我抚摸着地面，我看到了那些人，我听到了那些声音。笛卡尔的结论是，恐怕没有任何办法知道。但他也意识到了别的东西：我内心里的某个我，正在努力想弄清一切。不管我到底是不是模拟大脑，我在沉思这个问题。我在想这个，所以我存在，即"我思故我在"。

我们是否可以不靠大脑存在

未来岁月里，我们将发现人类大脑的更多内情，超出目前的理论框架的解释范围。但就眼下而言，我们周围还到处都是谜团：许多谜团我们意识到了，许多谜团我们还根本不知道它们的存在。脑科学这一研究领域面对的是一片广阔的未知水域。一如往常，科学里最重要的是开展实验，评估结果。届时，大自然母亲会告诉我们哪些方法是死胡同，哪些方法能带我们在理解人类意识蓝图的道路上走得更远。

只有一件事能够肯定：我们人类才刚刚开始发现某样东西，但那到底是什么，我们还没完全弄明白。我们正处在一个前所未有的历史关头，脑科学和技术正共同发展。这一交汇点上发生的情况，有望改变我们自身。

千百年来，世世代代的人类一直生活在同样的生命周期里：我们出生，控制自己脆弱的身体，享受有限的感官现实，接着死去。科学可以为我们带来工具，跳出这一演进程序。我们现在能够破解自身的硬件，由此而来的结果是，我们不再需要保留大脑。我们能够住到新型的感官现实和新型的身体里。最后，我们甚至能够彻底抛弃自己的实体形态。

我们人类才刚刚发现了塑造自己命运的工具。

我们会变成什么样，取决于我们自己。

　　一如大脑的魔术来自诸多区域的互动，本书和同名电视系列片也来自许多人的通力合作。

　　詹妮弗·比米什（Jennifer Beamish）是本项目的顶梁柱，她不知疲惫地同时在各种事务中奔波，包括管理员工，调整自己脑袋里不断变化的电视系列片内容，调整不同人物之间的微妙区别。比米什不可替代，没有她，就没有这个项目。本项目的第二个顶梁柱是贾斯汀·克肖（Justine Kershaw）。贾斯汀凭借专业知识和勇气来构思大项目，运营公司，还管理着许多员工，他不停地带给我灵感与启示。在整套电视系列片拍摄期间，我们有幸跟一支才华横溢的导演队伍合作，他们是：托比·特拉克曼（Toby Trackman）、尼克·斯泰西（Nic Stacey）、朱利安·琼斯（Julian Jones）、凯特·盖尔（Cat Gale）和约翰娜·吉本（Johanna Gibbon）。他们对情绪、色彩、亮度、场景布置和色调不断变化的模式有着敏锐的感知，这种能力令我惊叹。此外，我们还有幸跟视觉世界的鉴赏家，摄影指导杜安·麦克卢恩（Duane McClune）、安迪·杰克逊（Andy Jackson）和马克·施瓦茨巴德（Mark Schwartzbard）共事。助理制片人爱丽丝·史密斯（Alice

Smith）、克里斯·巴恩（Chris Baron）和艾玛·庞德（Emma Pound）足智多谋、精力充沛，每天都为拍摄本系列片提供着动力。

至于这本书，我有幸和坎农格特出版社（Canongate Books）的凯蒂·佛雷恩（Katy Follain）和杰米·宾（Jamie Byng）共事，该机构一直是全世界最大胆、最有见地的出版社之一。同样，能跟美国万神殿出版社（Pantheon Books）的编辑丹·弗兰克（Dan Frank）共事，也是我莫大的荣幸，他既是我的朋友，也是我的顾问。

父母为我带来了灵感，我感激不尽。我的父亲是一位心理医生，母亲是生物老师，他们两人都热衷教与学。他们不断地激励我朝着研究和沟通的方向发展。虽然我小时候，我们几乎从不一起看电视，但他们却会跟我坐下来一起读卡尔·萨根（Carl Sagan）的《宇宙》（Cosmos）。我的这个项目，就跟那些看书的夜晚有着深厚的渊源。

我要感谢我所在的神经学实验室里聪明勤奋的学生和博士后们，在本节目拍摄和本书的撰写过程中，我的日程表总是乱七八糟的，谢谢他们的配合。

最后，也是最重要的，我要感谢我美丽的妻子莎拉（Sarah）给予我的支持、鼓励和投入，在我承担本项目的工作时，多亏有她坚守家庭的阵地。她跟我一样相信这番努力的重要意义，我何等幸运！

考虑到环保的因素，也为了节省纸张、降低图书定价，本书编辑制作了电子版的注释与参考文献。请扫描下方二维码，直达图书详情页，点击"阅读资料包"获取。

Action Potential 动作电位：在极短的 1 毫秒内，整个神经元的电压达到阈值，导致细胞膜内外产生离子交换的连锁反应，最终导致轴突末端释放神经递质。这一活动叫作"动作电位"，也称为"锋电位"（Spike）。

Alien Hand Syndrome 异己手综合征：这种病症是治疗癫痫的胼胝体切断术导致的，胼胝体切断术即切断胼胝体，令大脑左右两个半球断开联系，也叫作裂脑术。异己手综合征会令患者某一侧的手做出不受其控制的动作，有时动作还很复杂。

Axon 轴突：神经元上的突出结构，能传导来自细胞体的电信号。

Cerebrum 大脑：人类的脑区，包括层叠起伏的外部皮质、海马、基底核和嗅球。高级哺乳动物这一区域的发育，有利于拥有更高级的认知和行为。

Cerebellum 小脑：位于头部后方大脑皮质之下的一个较小的解剖结构。大脑的这一区域对流畅的动作控制、平衡、姿态，可能还有部分认知功能来说，都是必不可少的。

Computational Hypothesis of Brain Function 大脑功能的计算假说：这一假说主张，是大脑内部的互动在执行运算，而这些运算如果运行在不同的基板上，同样能带来思想。

Connectome 连接体：大脑中所有神经连接的三维图。

Corpus Callosum 胼胝体：位于两个大脑半球之间的纵向裂缝里的一束神经纤维，促成左右半脑的通信。

Dendrites 树突：神经元的输入结构，将其他神经元释放的神经递质所启动的电信号传至细胞体。

Dopamine 多巴胺：大脑中与运动控制、成瘾和奖励有关的神经递质。

Electroencephalography（EEG）脑电图：一种将导电电极与头皮相连，用来测量大脑在毫秒时间单位内的电活动的技术。每个电极可捕捉到电极之下数百万神经元的总活动。这一方法可捕捉到大脑皮质活动的快速变化。

Functional Magnetic Resonance Imaging（fMRI）功能性磁共振成像：一种神经成像技术，通过测量大脑在秒时间单位内的血流量，来检测大脑活动，分辨率达到毫米级。

Galvanic Skin Response 皮肤电反应：一种技术，用于测量人体验到新奇、紧张、激烈情绪时自主神经系统中出现的变化，即使这些变化是无意识的。具体的操作是，一台机器接到指尖，监控汗腺活动所导致的皮肤电性质变化。

Glial Cell 神经胶质细胞：这是大脑中保护神经元的一种特殊细胞，它们为神经元提供养料和氧气、清除废物提供一般性支持。

Neural 神经的：与神经系统或神经元相关的。

Neuron 神经元：在中枢和周围神经系统，包括大脑、脊髓和感觉细胞里可见的一种特殊细胞，利用电化学信号与其他细胞沟通。

Neurotransmitter 神经递质：通常情况下，在一个突触内，由一个神经元释放，另一个神经元接收的化学物质。中枢及周围神经系统，包括大脑、脊髓和整个身体里的感觉神经元中都可发现神经递质。神经元可以释放出一种以上的神经递质。

Parkinson's Disease 帕金森病：一种进行性疾病，其特征是运动困难和震颤，由中脑内名为"黑质"的结构中产生多巴胺的细胞退化所导致。

Plasticity 可塑性：大脑建立新的神经连接或调整现有连接的适应能力。为补偿大脑受伤所带来的缺陷方面，可塑性非常重要。

Sensory Substitution 感官替代：弥补受损感官的一种方法，此时，相应的感官信息通过非常规感觉通道输入大脑。例如，把视觉信息转换成舌头上的振动，或把听觉信息转换成躯干上的振动模式，让人能看到或听到。

Sensory Transduction 感觉转导：来自外界环境的信号，如光子（视觉信号）、空气压缩波（听觉信号）或气味分子（嗅觉信号），经专门的细胞转换（转导）为动作电位。这是大脑接收身体外界信息的第一步。

Split-brain Surgery 裂脑术：也叫作胼胝体切断术，这是一种当其他手段无效时用于控制癫痫的措施。这种手术将切断两个大脑半球之间的通信。

Synapse 突触：通常为一个神经元的轴突和另一个神经元的树突之间存在的空间，神经递质释放时，两个神经元的通信在此发生。也有轴突对轴突、树突对树突形成的突触。

Transcranial Magnetic Stimulation（TMS）经颅磁刺激：一种非侵入性技术，通过磁脉冲在底层神经组织里诱发小幅电流，来刺激或抑制大脑活动。这种技术通常用于理解神经回路中大脑具体区域发挥的作用。

Ulysses Contract 尤利西斯合约：当人知道自己将来某一刻无法做出理性选择时，便定下一个无法打破的契约，以保证自己能达成未来的目标。

Ventral Tegmental Area 腹侧被盖区：主要由位于中脑的多巴胺能神经元构成的一个结构。这一区域在奖励机制里起关键作用。

自 2013 年翻译了迈克尔·加扎尼加的《谁说了算？》[①]之后，我陆陆续续又接手了多本探讨大脑方方面面功能和特点的图书的翻译工作。这些图书内容各异，比如加扎尼加的《谁说了算？》的关注点在于人（或大脑）是否拥有自由意志、以怎样的形式拥有；也有的图书关注的是大脑的可塑性、自愈性以及大脑对人类感知的诠释方式等。

神秘的大脑对科学工作者的吸引力，由此可见一斑。事实上，大脑研究的进展，与近年来另一个火热的研究及出版领域——人工智能，是相辅相成的。我们对人类的大脑了解得越多，人工智能的进展也就越突飞猛进。

然而，人工智能的突飞猛进，又令人为人（及其大脑）平添了几分焦虑。那就是：随着人工智能在本来专属于人类思维的领域攻城略地，人的大脑将何去何从？会不会

① 迈克尔·加扎尼加，认知神经科学之父，美国国家科学院院士，美国艺术与科学学院院士。他的作品《谁说了算？》讲述了人类大脑的作用机制、意识的来源、社会意识的进化，以及自由意志观念对整个社会的影响。该书中文简体字版由湛庐引进，由浙江人民出版社2013年出版。——编者注

有一天它就被人工智能彻底取代了？尤其最近几个月，AlphaGo 在围棋上与人类棋手争斗正酣，这场大战的结果到我撰写本文之时已经水落石出：计算机通过模式识别、大数据及庞大的运算力，让人类棋手彻底拜服。一时间，人对自己、对"肉"大脑的能力，不免产生了一丝不自信的疑虑。

本书对这个问题做出了极具启发意义的回答。可以这样说，本书前 5 章的内容，一方面是对大脑的功能和特点进行介绍，另一方面，也是在为最后一章的技术性前瞻做充分的铺垫。未来的我们，未来的大脑，会变成什么样子？作者提出的若干设想，让我大开眼界，我进而想：这种由此及彼的联想和创造能力，不是也恰好体现出了人类大脑的独一无二吗？

最后，还是放上例行的几句老话，由于译者水平有限，或一时的疏忽，可能会出现一些错译、曲解的地方。如读者在阅读过程中发现不妥之处，或是有心得愿意分享，请一定和我联系。通过在豆瓣或百度上搜索我翻译的任何一本书的书名，都可以找到我的豆瓣小站。

另外，本书的翻译工作要感谢曾静、陈霞、李佳、唐竞、王敏、廖昕、罗昊等长期和我共事的同仁，谢谢大家的辛苦努力！

闫　佳

2017 年初夏于成都

未来，属于终身学习者

我们正在亲历前所未有的变革——互联网改变了信息传递的方式，指数级技术快速发展并颠覆商业世界，人工智能正在侵占越来越多的人类领地。

面对这些变化，我们需要问自己：未来需要什么样的人才？

答案是，成为终身学习者。终身学习意味着永不停歇地追求全面的知识结构、强大的逻辑思考能力和敏锐的感知力。这是一种能够在不断变化中随时重建、更新认知体系的能力。阅读，无疑是帮助我们提高这种能力的最佳途径。

在充满不确定性的时代，答案并不总是简单地出现在书本之中。"读万卷书"不仅要亲自阅读、广泛阅读，也需要我们深入探索好书的内部世界，让知识不再局限于书本之中。

湛庐阅读 App: 与最聪明的人共同进化

我们现在推出全新的湛庐阅读App，它将成为您在书本之外，践行终身学习的场所。

- 不用考虑"读什么"。这里汇集了湛庐所有纸质书、电子书、有声书和各种阅读服务。
- 可以学习"怎么读"。我们提供包括课程、精读班和讲书在内的全方位阅读解决方案。
- 谁来领读？您能最先了解到作者、译者、专家等大咖的前沿洞见，他们是高质量思想的源泉。
- 与谁共读？您将加入优秀的读者和终身学习者的行列，他们对阅读和学习具有持久的热情和源源不断的动力。

在湛庐阅读 App 首页，编辑为您精选了经典书目和优质音视频内容，每天早、中、晚更新，满足您不间断的阅读需求。

【特别专题】【主题书单】【人物特写】等原创专栏，提供专业、深度的解读和选书参考，回应社会议题，是您了解湛庐近千位重要作者思想的独家渠道。

在每本图书的详情页，您将通过深度导读栏目【专家视点】【深度访谈】和【书评】读懂、读透一本好书。

通过这个不设限的学习平台，您在任何时间、任何地点都能获得有价值的思想，并通过阅读实现终身学习。我们邀您共建一个与最聪明的人共同进化的社区，使其成为先进思想交汇的聚集地，这正是我们的使命和价值所在。

CHEERS

湛庐阅读 App
使用指南

读什么
- 纸质书
- 电子书
- 有声书

怎么读
- 课程
- 精读班
- 讲书
- 测一测
- 参考文献
- 图片资料

与谁共读
- 主题书单
- 特别专题
- 人物特写
- 日更专栏
- 编辑推荐

谁来领读
- 专家视点
- 深度访谈
- 书评
- 精彩视频

HERE COMES EVERYBODY

下载湛庐阅读 App
一站获取阅读服务

THE BRAIN © David Eagleman, 2015

Copyright licensed by Canongate Books Ltd.

Arranged with Andrew Nurnberg Associates International Limited.

All rights reserved.

浙江省版权局图字：11–2024–221

图书在版编目（CIP）数据

皱巴巴果冻的绚丽人生 /（美）大卫·伊格曼著；

闫佳译 . — 杭州：浙江科学技术出版社，2024.11（2025.1 重印）

ISBN 978-7-5739-1376-0

Ⅰ . Q954.5-49

中国国家版本馆 CIP 数据核字第 202490K918 号

书 名	皱巴巴果冻的绚丽人生
著 者	［美］大卫·伊格曼
译 者	闫　佳

出版发行　浙江科学技术出版社

地址：杭州市环城北路 177 号　邮政编码：310006

办公室电话：0571 – 85176593

销售部电话：0571 – 85062597

E-mail:zkpress@zkpress.com

印　刷　河北鹏润印刷有限公司

开　本	710mm×965mm　1/16	印　张	15.75
字　数	302 千字		
版　次	2024 年 11 月第 1 版	印　次	2025 年 1 月第 2 次印刷
书　号	ISBN 978-7-5739-1376-0	定　价	79.90 元

责任编辑	陈　岚	**责任美编**	金　晖
责任校对	张　宁	**责任印务**	吕　琰